図解 即 戦力 カラー図解と丁寧な解説で、
知識0でもわかりやすい！

ネットワーク構築&運用 が

しっかりわかる

これ1冊で

教科書

のびきよ　　朝岳健二
Nobikiyo　　Kenji Asatake

JN041369

技術評論社

はじめに

　本書は、ネットワークを基礎から学習される方、および小・中規模のネットワーク構築・運用に携わる方を対象にしています。

　最初に、ネットワークの企画・導入・運用すべてのフェーズにおいて、どのような作業があるかを説明しています。各フェーズの作業内容を理解できれば、やり直しになったり途中で行きづまったりすることも少なくなります。

　導入では、図解入りで技術解説をしながら、シミュレーション形式で小規模ネットワークの構築事例を示します。事例では、要件や仕様のまとめ方、設計の考え方、LAN スイッチや無線 AP、インターネット接続ルータの設定方法を解説しています。また、さまざまな要件に対応できるように少し踏み込んだ技術解説も行い、中規模ネットワーク向けの設計指針や設定方法も紹介しています。

　一人でサーバ関連の構築も行う方のためには、簡単に始められるレンタルサーバを使った公開 Web サーバの構築方法や、メールの利用方法も解説しています。本格的な社内環境を構築する方のためには、クラウドの代表格である Microsoft 365 についても説明しています。

　運用フェーズでは、トラブル対応に役立つツールの使い方やトラブル対応の方法、よくあるトラブル事例、恒久対策や監視方法などについても説明しています。

　本書が、ネットワークだけでなく社内インフラ環境を構築し、安定した運用をしていく上での近道となることを願っています。

2020 年 6 月　のびきよ

◉ アイコンの説明

本書では、以下のアイコンを使っています。

デスクトップ
パソコン

ノートブック
パソコン

サーバ

IP電話

スマートフォン

LANスイッチ

インターネット接続ルータ
（ファイアウォール）
ヤマハNVR510

インターネット接続ルータ
（ファイアウォール）
ヤマハRTX830

無線AP

ISP設置機器

ルータ

L3スイッチ
（シャーシ型）

目次　Contents

3章
ネットワークの高度化

4章
レンタルサーバの活用

5章
Microsoft 365の活用

6章
ネットワークの運用管理

7章
参考情報

ご注意：ご購入・ご利用の前に必ずお読みください

1章

▼

ネットワーク構築の進め方

小さなネットワークを構築する場合でも、事前に準備が必要です。いきなり構築すると、購入した機器が無駄になったり、構築を何度もやり直す事態に陥ったりします。そのようにならないよう、本章ではネットワーク構築の進め方について説明します。

01 ネットワークの役割

ネットワークには役割があります。ネットワークを構築する際、どの範囲を構築するのか理解しておくことは重要です。ネットワーク構築の進め方を説明する前に、まずは、ネットワークの役割について説明します。

● イントラネット

　組織内部のネットワークを**イントラネット**と呼びます。イントラネットの役割は、事務所のパソコンやサーバ、プリンターなどを通信できるようにすることです。

■ イントラネットの役割

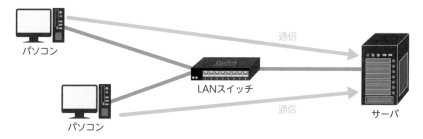

　図中のLANスイッチは、パソコンやサーバなどを接続する役割をしています。**LANスイッチ**には**ポート**といって、機器をつなげるための口があります。

■ LANスイッチのポート

　このLANスイッチであれば、8つの機器を接続することができます。LANスイッチには24ポートや48ポートなど、多くのポートを持つものもあります。ポートはインターフェース、またはインターフェイスなどとも呼ばれます。ま

た、もっと多くの機器を接続したい場合は、次のようにLANスイッチ間を接続して対応します。

■ LANスイッチを接続してたくさんの機器を接続する

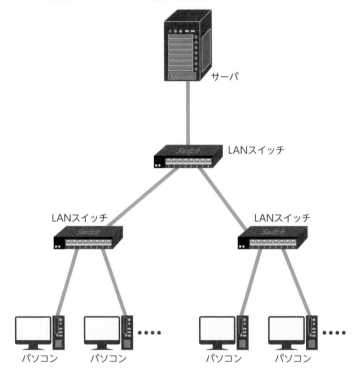

サーバ

LANスイッチ

LANスイッチ

LANスイッチ

パソコン　　パソコン　　　　パソコン　　パソコン

　イントラネットの規模が大きくなっても、基本的な考え方は同じです。LANスイッチなどの機器をつないでネットワークを大きくし、パソコンやサーバなどを接続します。

　組織内のネットワーク構築とは、基本的にイントラネットの構築です。イントラネットは自由に構築できますが、組織の実態に合わせて検討が必要です。たとえば、複数の建物がある場合、それぞれの建屋で必要なポート数を調査し、必要なポート数を持ったLANスイッチを購入する必要があります。

　ネットワークの構築では、このような要件をまとめて設計に反映し、機器の設定を行ってテストなどで妥当性を確認します。

● インターネット

インターネットとは、世界中の人が共同で利用しているネットワークのインフラ基盤です。

■ インターネットのイメージ

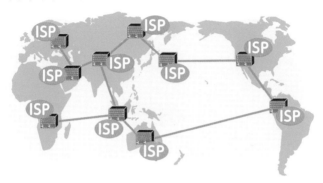

インターネットには無数の**ISP**（インターネットサービスプロバイダ）が接続されています。日本でいえば、NTTコミュニケーションズのOCNやソフトバンクのYahoo! BBなどですが、国内だけでもかなりの数があります。これらのISPを接続するように、無数のネットワーク機器が世界中に設置され、接続されています。

インターネットを利用することで、世界中のサーバにアクセスして情報を集めたり、動画やWebサイトを参照したりできます。このため、通常はISPと契約してイントラネットと接続し、インターネットが使えるようにします。

■ イントラネットとインターネットの接続イメージ

● ファイアウォール

インターネットは、世界中の人が使うネットワークですが、中には悪意のある人もいます。悪意のある人は、他人のイントラネット内のサーバから情報を搾取しようとします。このため、通常はイントラネットからインターネット側へは通信可能なものの、逆の通信はできないようにして悪意のある通信から防御します。

■ イントラネットとインターネット間の通信例

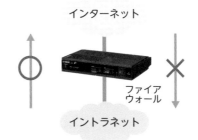

インターネット

ファイア
ウォール

イントラネット

この防御する機器を**ファイアウォール**と呼びます。ファイアウォールは、ISPが設置する機器が実装している場合もあります。

ISPで設置する機器のファイアウォール機能を使う場合、通常はインターネット側からの侵入は防御する設定になっています。イントラネットからインターネットへの通信はすべて許可されていることが多いため、制限するときは設定の変更が必要です。

なお、出張時にインターネットを経由してイントラネットに接続したいなどの要件がある場合、別途インターネット接続ルータを購入する必要があります。また、ISPが設置する機器がファイアウォール機能を持っていない場合も、インターネット接続ルータを購入する必要があります。インターネット接続ルータは、ISPが設置する機器に代わって、インターネット接続機能やファイアウォール機能を提供することができます。

○ DMZ

インターネットからイントラネットへの通信をすべて遮断すると不都合な場合もあります。たとえば、Webサーバを公開したいときです。イントラネットにWebサーバを接続しても、インターネットからの通信をすべて遮断していると、外部の人がアクセスできません。

このようなときに、Webサーバを配置するのが**DMZ**（DeMilitarized Zone）です。DMZは、非武装地帯とも呼ばれ、イントラネットとインターネットの中間地点に配置します。

■ DMZにWebサーバを配置した例

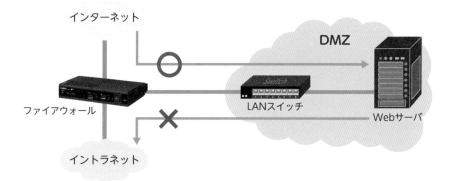

DMZ上のWebサーバにはインターネットからの通信を可能にし、イントラネットへは通信できないよう、ファイアウォールを設定します。こうすることで、万一Webサーバが悪意ある人に乗っ取られた場合でも、イントラネットに侵入される可能性が少なくなります。

イントラネット内のサーバには、会社の秘密情報や個人情報を保存することもありますが、DMZ上のサーバには外部に公開できない情報は保存しないようにすることが重要です。直接情報を搾取される危険もありますが、インターネットから直接通信できないようにしていても、ほかのサーバが乗っ取られると、そのサーバを踏み台にして情報を搾取される危険もあります。

● サーバファーム

　社内のサーバは、必要な部署で個別に設置することもありますが、全社で利用するサーバは集約して設置した方が運用管理を効率的に行えます。この集約して設置するネットワークを、**サーバファーム**と言います。

■ サーバファームの配置

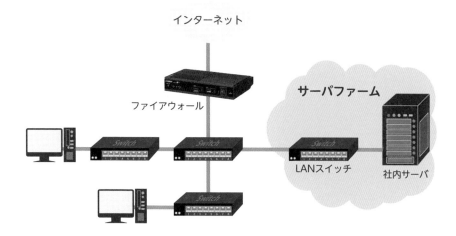

　サーバファームには、業務サーバ（業務で使うサーバ）や社内向けWebサーバ、ファイルサーバなどを配置します。

まとめ

- ▶ **ネットワークにはイントラネット、インターネット、DMZ、サーバファームといった役割がある**

- ▶ **サーバファームを含めたイントラネットとDMZを構築しインターネットに接続する**

- ▶ **イントラネット、インターネット、DMZ間で通信可否を決定するのはファイアウォール（インターネット接続ルータ）の役目である**

02 ICT 機器のライフサイクル

ネットワークを含めたICT（Information and Communication Technology）機器には、ライフサイクルがあります。企画、導入、運用管理というサイクルを繰り返すことで、最新の機能を盛り込みながら利用できる状態を維持していきます。

● ICT機器ライフサイクルにおけるフェーズ

ICT関連の機器は、企画、導入を行って、その後運用を行います。

■ ICT機器のライフサイクル

企画

運用管理

導入

　運用開始後はそのまま同じ機器で運用するわけではなく、4～5年くらいで**リプレース**と呼ばれる機器の入れ替えを行います。つまり、4～5年で上記のライフサイクルを繰り返すことになります。

　これは、ICT関連の機器は常に技術が進歩していて、新たな機能を取り入れていく必要があるためです。また、ICT関連機器は通常5年程度でハードウェア保守ができなくなります。メーカで部品の在庫を長年持っておくことが難しいためです。つまり、故障したときに修理ができなくなります。このようなことから、定期的にICT機器をリプレースしていく必要があります。

● フェーズの概略

企画、導入、運用管理フェーズの概略は、以下のとおりです。

■ 企画・導入・運用管理の概略

フェーズ	概略
企画	運用中のデータや課題などから次のネットワークをどのようにするかを検討します。また、導入時の予算申請も行います。
導入	実際に機器を購入し、設置・設定などを行います。また、設計やテストなどの工程もあります。
運用管理	導入後、ネットワークが継続して利用できるよう、監視したり障害対応したりします。

ライフサイクルを5年とした場合のスケジュール例は、以下のとおりです。

■ ICT機器ライフサイクルのスケジュール例

区分	1年目	2年目	3年目	4年目	5年目
企画				→	
導入					→
運用管理	→				

運用管理は、5年間常に行う必要があります。ネットワークは、常に利用されているためです。企画は、5年のライフサイクルの中で常に検討はしますが、実際に行うのはリプレースの数か月前から1～2年前です。企画が終われば機器を購入して導入し、リプレースします。

まとめ

▶ **ICT機器ライフサイクルのフェーズには企画、導入、運用管理がある**

03 企画

企画で一番の目的は、予算を決めることです。機器を購入するのもお金がかかりますし、運用管理にもお金がかかります。ここでは、予算を決めるまでの企画フェーズでの流れと作業内容について説明します。

● 企画フェーズの流れ

企画は、すでに説明したとおり、運用中のデータや課題などから次のネットワークをどのようにするか検討するフェーズです。おもな流れは、以下のとおりです。

■ 企画の流れ

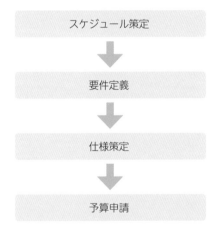

```
スケジュール策定
    ↓
要件定義
    ↓
仕様策定
    ↓
予算申請
```

小規模なネットワークでは、上記を細かく行う必要はありませんが、ある程度スケジュールや必要なことを考えたりすると思います。これを、工程として表すと上記の流れになります。つまり、この流れを理解しておくと、やるべきことを忘れることも少なくなり、構築をスムーズに進めることができます。

● スケジュール策定

　企画段階のスケジュールは、それほど細かく策定する必要はありません。各工程をどのくらいの期間で終わらせるか目安を示せればよいためです。

■ 企画フェーズのスケジュール例

区分	1月	2月	3月	4月	5月	6月	7月	8月	9月	10月
イベント						▼機器購入		切り替え▼		
要件定義	→→→									
仕様策定			→→→							
予算申請					→					
導入						→→→				
運用管理										→

　　　　：企画フェーズ

　スケジュール策定におけるポイントは、2点です。**切り替えや新規稼働日を見定めること**と、**そこから逆算すること**です。

　たとえば、既存機器の保守を5年で契約していれば、保守が終わるときが切り替えのときです。また、事務所移転のため新規にネットワークの構築が必要であれば、そのときまでに稼働しておく必要があります。ターゲットとなる切り替えや新規稼働日（以降、「切り替え」で統一）は、自然と決まると思います。

　スケジュールは、切り替え日から逆算して考えます。上の例では、9月末が切り替えのため、導入で4か月かかると考えた場合、その前に企画は終わっている必要があります。予算申請で1か月、仕様策定で2か月など逆算してスケジュールを策定します。

　なお、導入フェーズにも工程があり、スケジュールの策定が必要ですが、それは導入が始まったあとで検討します。

　重要なのは、少し余裕を持ったスケジュールにすることです。スケジュールに余裕がなかった場合、途中で課題が出てくると遅延が発生し、最悪は切り替え日に間に合わなくなってしまいます。

◎ 要件定義

要件定義とは、組織にとって必要な内容をまとめることです。たとえば、建物が2つあるためLANスイッチが2台必要、それぞれ20台のパソコンが接続されるなどです。

要件定義は、以下のようにExcelなどで要件書としてまとめると、あとで確認するのに便利です。

■ 要件書の例

項	要件	チェック
1	本館と別館がある。	☐
2	本館は3階建のため、3台のLANスイッチが必要。	☐
3	別館は2階建のため、2台のLANスイッチが必要。	☐
4	それぞれのLANスイッチに接続するパソコン台数は20台。	☐
5	本館には会計システムがあり、ほかのネットワークと通信させたくない。	☐
6	本館2階では無線LANを使いたい。	☐
7	出張中でもイントラネットを利用するときがある。	☐
……		

要件定義では、技術的なことは考慮せずに必要なことだけを考えます。小規模なネットワークでは、メモ程度でもよいと思います。必要な要件を満たさないネットワークを構築すると、あとでやり直しになってしまいます。このため、要件を忘れないようにすることが重要です。

なお、右端にチェック欄を設けています。これは、仕様策定の段階で使います。仕様策定時に要件を満たしているかチェックすることで、要件を満たす仕様を作ることができるためです。

要件は、実際にネットワークを使うほかの人にもヒアリングして、なるべく多くの意見をまとめると、コストメリット（使う費用に対してメリットが大きい）のあるネットワークが構築できます。

◎ 仕様策定

仕様策定とは、要件書を元に技術的な実現方法をまとめることです。たとえば、24ポートのLANスイッチを4台購入する、ほかのネットワークと分離す

るためにVLAN（Virtual LAN）を利用するなどです。

　仕様策定では、以下のような仕様書をまとめます。

---

１. LAN スイッチ

　　LAN スイッチを 5 台導入する。必要な機能は、以下のとおり。

　　① 24 ポート以上。

　　② VLAN に対応。

２. 無線 LAN

　　無線 AP（Access Point）を 1 台導入する。必要な機能は、以下のとおり。

　　① IEEE 802.11ac に対応。

　　② WPA2-PSK に対応。

３. VPN 装置

　　リモートアクセス VPN（Virtual Private Network）装置を 1 台導入する。
　　必要な機能は、以下のとおり。

　　① L2TP/IPsec に対応。

　　② 3 ユーザが利用可能。

　技術的な解説は、第2章で行います。ここで重要なのは、仕様策定後に要件書の内容を満たしているかチェックすることです。要件書のチェック欄を使いますが、小規模なネットワークでは目視で確認するかたちでもよいでしょう。

　また、簡単なネットワーク構成図をこの段階で作っておくと、イメージがわきやすくなりますし、社内で説明が必要なときも使えます。

● 予算申請

　仕様がまとまれば、**仕様書に基づいて予算を決めます**。

　インターネットで調査する、メーカに問い合わせるなどして、仕様を満たす機器を選択し、価格も調べます。必要な機器は、Excelなどで構成品一覧としてまとめると、わかりやすくなります。

■ 構成品一覧の例

項	項目	メーカ	製品名	型名	単価（円）	台数	価格（円）
1	LAN スイッチ	A 社	Switch 本体	Switch-1	30,000	5	150,000
			SFP	SFP-1	30,000	2	60,000
2	無線 AP	B 社	AP 本体	AP-1	30,000	1	30,000
3	VPN 装置	C 社	VPN 本体	VPN-1	60,000	1	60,000
4	ケーブル(10m)	D 社	10 ツイストペア	UTP-10	1,000	40	40,000
5	ケーブル(30m)	D 社	30 ツイストペア	UTP-30	1,500	10	15,000
合計							355,000

　ハード保守も行うのであれば、見積もりに含めた方がトータルコストがわかってコストメリットの判断が付きやすくなります。また、導入作業や運用管理を業者に委託する場合、その費用も予算に含める必要があります。

■ ハード保守費用算出例

項	項目	メーカ	製品名	型名	1 年保守(円)	台数	5 年保守(円)
1	LAN スイッチ	A 社	Switch 本体	Switch-1	1,000	5	25,000
			SFP	SFP-1	500	2	5,000
2	無線 AP	B 社	AP 本体	AP-1	1,000	1	5,000
3	VPN 装置	C 社	VPN 本体	VPN-1	1,000	1	5,000
5 年合計							40,000

● 品質向上のために

　作業を進めて行くうえでは、前工程のアウトプットを後工程のインプットとし、後工程のアウトプットを作成します。たとえば、要件書をインプットとし、アウトプットの仕様書を作成するなどです。このとき、アウトプットがインプットを満たしているかチェックすると、品質が向上します。今回の場合、すでに説明したように作成した仕様書が要件書を満たしているか検証します。

■ 工程の進め方とアウトプットの検証

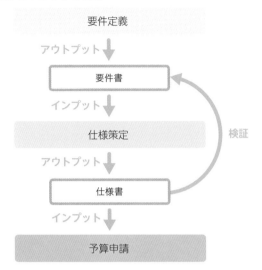

　これは、導入フェーズでも同じです。小さなネットワークの場合、厳格な品質管理は必要ないかもしれません。それでも、要件を満たすネットワークを構築することが重要なため、理解しておくと気づく点もあるでしょう。

```
まとめ
```

▶ **企画フェーズにはスケジュール策定、要件定義、仕様策定、予算申請という工程がある**

▶ **前段階のアウトプットを次工程のインプットとする**

▶ **アウトプットの検証により要件に合ったネットワークが構築できる**

04 導入

導入の目的は、問題なくネットワークを動かすことです。そのためには、設計、製造、テストなどの工程を経る必要があります。ここでは、導入フェーズの流れと作業内容について説明します。

◯ 導入フェーズの流れ

　導入は、すでに説明したとおり、実際に機器を購入し、設置・設定・テストなどを行うフェーズです。おもな流れは、以下のとおりです。

■ 導入の流れ

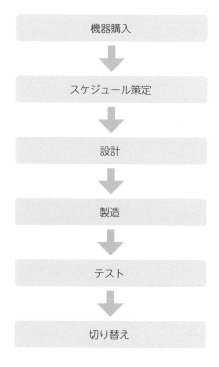

● スケジュール策定

　企画フェーズでのスケジュールとは違い、導入フェーズでは細かなスケジュールが必要です。以下は、その一例です。

■ 導入フェーズでのスケジュール例

工程	大区分	小区分	6月										8月					
			1	2	3	4	5	6	7	8	9		26	27	28	29	30	31
			月	火	水	木	金	土	日	月	火		水	木	金	土	日	月
イベント								▼機器搬入				…	切り替え		▼			
設計	方式設計	ネットワーク構成図					→					…						
		方式設計書																
	詳細設計	LAN スイッチ																
		…																
製造	設定	LAN スイッチ										…						
		…																
	テスト仕様書作成	単体テスト仕様書																
		システムテスト仕様書																
テスト	単体テスト	LAN スイッチ										…						
		…																
	システムテスト											…						
	切り替え準備	タイムスケジュール																
		切り替え手順書																
		切り替えテスト仕様書																
切り替え																▼		

> 初めて構築するときなど、本番環境で製造・テストしている場合は、切り替え自体が発生しないこともあります。

　上記は、**日割りスケジュール**になっています。日割りになっていると、休日などもわかるため、無理なスケジュールになっていないかチェックがしやすくなります。また、設定などは機種単位で進捗が異なるため、別々に記載した方が進捗の確認がしやすくなります。

　導入フェーズのスケジュールの決め方も、企画フェーズと同じで逆算です。切り替え日をまず決めて、そこから逆算していきます。

　切り替えは、段階的に行うこともあります。たとえば、第一段階でLANスイッチを2台導入し、第二段階で3台導入するなどです。その場合は、段階ごとに切り替え日を設けます。

○ 設計

　設計工程には、大きく分けて2つの作業があります。**方式設計**と**詳細設計**です。小規模なネットワークでは、区別せずにまとめて設計することもあります。以下は、方式設計と詳細設計の概略です。

■ 方式設計と詳細設計の概略

区分	概略
方式設計	構築するネットワークの定義（構築する理由など）、DMZを設けるなど役割の定義、各装置で使う機能の定義などを行います。
詳細設計	方式設計に基づいて、導入する機器のパラメータ（設定値）を決めます。

　方式設計では、ネットワーク構成図も完成させます。このとき、可能であればどのポートと接続するのかわかるように記載しておくと、後々確認がしやすくなります。

■ 接続するポートがわかるネットワーク構成図

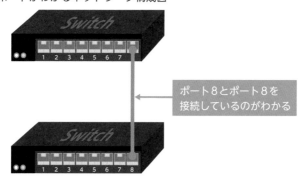

ポート8とポート8を
接続しているのがわかる

　ネットワークの規模が大きくて、どのポートと接続するかまではネットワーク構成図に書けない場合、Excelなどで管理しておくこともあります。

● 製造

製造工程も、大きく分けて2つの作業があります。**設定**と**テスト仕様書の作成**です。以下は、その概略です。

■ 設定とテスト仕様書作成の概略

区分	概略
設定	詳細設計で作成したパラメータを元に、実際の機器に設定を行います。
テスト仕様書作成	次工程のテストで使うテスト仕様書を作成します。テストには、装置単体で行う単体テストと、通信などを行って装置間の連携確認も行うシステムテストがあります。

以下は、単体テスト仕様書の例です。

■ 単体テスト仕様書の例

単体テスト仕様書：LAN スイッチ

区分	項	テスト内容	手順	予想される結果	第一回		第二回		メモ
					確認日	結果	確認日	結果	
基本機能	1	電源 ON ／ OFF	LAN スイッチの電源を ON、OFF する	電源 ON で起動、電源 OFF で停止					
	2	ログイン	コンソールからユーザ ID とパスワードを入力してログインする	プロンプトが表示される					
VLAN	3	VLAN の確認	VLAN の一覧を表示する	VLAN10 と VLAN20 が表示される					
...									

ポイントは、「予想される結果」です。予想される結果は、何をもってテストが成功したかを明確にしておきます。

また、テストでは失敗することもあるため、失敗した記録も残すように第一回と第二回の結果を記載する欄を設けています。一回目のテストで失敗した内容をメモ欄に記載しておくと、設定の修正や二回目のテストで役立ちます。

● テスト

テスト工程は、大きく分けて3つの作業があります。**単体テスト**、**システムテスト**、**切り替え準備**です。以下は、その概略です。

■ 単体テスト、システムテスト、切り替え準備の概略

区分	概略
単体テスト	製造工程で作成した単体テスト仕様書を元に、実際の機器を使ってテストします。
システムテスト	製造工程で作成したシステムテスト仕様書を元に、複数の機器間を接続してテストします（通信テストなど）。
切り替え準備	切り替え時に使うタイムスケジュール、手順などを作成します。

タイムスケジュールは、時間単位のスケジュールです。以下は、その一例です。

■ タイムスケジュール（切り替えを行う場合の例）

時間	LAN スイッチ	無線 AP	VPN 装置	備考
9:00 ～ 10:00	設置			
10:00 ～ 11:00		設置		
11:00 ～ 12:00			設置	
12:00 ～ 13:00	昼休み			
13:00 ～ 14:00	テスト			
14:00 ～ 15:00	チェックポイント			
15:00 ～ 18:00	切り戻し			

チェックポイントは、切り戻し（もとの状態に戻すこと）するかどうかの判断ポイントです。深夜になっても切り替えが終了せず、次の日からネットワークを使えないと問題になることがあります。このため、最悪はもとに戻す時間を考えておきます。

● レビューとリスク軽減

　各工程の終わりにレビューを行うと、品質を向上できます。レビューとは、**ほかの人に設計やテスト仕様書の内容を確認してもらうこと**です。確認した結果、間違いなどがあればコメントしてもらい、反映します。

　レビューは、技術的な観点から確認するだけでなく、アウトプットの検証も同時に行うと、前工程からのインプットが反映されていることの確認ができます。たとえば、テスト仕様書のレビュー時には以下のような表で、方式設計書の内容が反映されているかチェックできます。

■ アウトプットの検証例

章	項	方式設計書の内容	チェック
1	1	本部に 24 ポートの LAN スイッチを設置する。	
	2	工場に 8 ポートの LAN スイッチを設置する。	
2	1	VLAN10 は、共同で利用する。	
	2	VLAN20 は、秘密情報を扱うサーバ用とする。	
	3	VLAN10 と VLAN20 の間は通信できないようにする。	
…			

　レビューをする場合、日割りスケジュールに予定日を入れておきます。

　また、切り替えのリスク軽減のために、もとに戻すことも考慮して切り戻しの手順も考えておくこともあります。さらに、切り替えのときは予備日も設けておくと安心です。たとえば、土曜日を切り替え日として、日曜日を予備日にするなどです。

> ## ✏ まとめ
>
> ▸ 導入フェーズには機器購入、スケジュール策定、設計、製造、テスト、切り替えという工程がある
>
> ▸ 失敗は必ずあるものと考えてリスクを軽減できるように準備しておく

05 運用管理

運用管理は、構築したネットワークを維持管理していくことです。運用管理には定常業務、非定常業務、Q／A対応業務、トラブル対応業務などがあります。ここでは、それぞれの業務について説明します。

● 定常業務

定常業務は、ルーチンワークと言って**日々発生する作業を行うこと**です。何度も発生する作業は、事前に手順書を作成しておくと、作業ミスを少なくできます。

以下は、定常業務の一例です。

■ 定常業務の例

作業	概略
オペレーション	ユーザIDを登録したり、管理者のパスワードを変更したりするなど、手順が決まった作業です。
構成管理	ネットワーク構成図や詳細設計書などを改版し、最新の状態に保ちます。
障害監視	障害が発生していないか監視します。ツールなど使って自動化するのが一般的です。
性能管理	通信量を測定し、推移を管理します。通信量が多い場合は、LANスイッチを増やすなど検討する材料となります。

定常業務は、切り替え後すぐに始まるため、できれば切り替え前までに手順を作成しておくことが望ましいと言えます。また、可能であれば監視や性能管理方法も導入時に構築しておくことが望まれます。

◉ その他業務

定常業務以外では**非定常業務**、**Q／A対応業務**、**トラブル対応業務**がありま
す。以下は、それぞれの業務内容です。

■ 非定常業務、Q／A対応業務、トラブル対応業務の内容

業務	概略
非定常業務	定常業務と違い、これまで実績がない、もしくは日常的には発生しない作業を行う業務です。
Q／A対応業務	ネットワークを使っている人からの質問に回答する業務です。
トラブル対応業務	通信できないなどのトラブルが発生したとき、切り分けや原因調査を行って対処する業務です。

定常業務は、日々発生する作業のため新たに調査する必要はありませんが、
上記の業務はこれまで経験したことがない作業となり、新たに調査が必要にな
ることもあります。

また、突発的に発生することも多く、作業が輻輳してくることもあります。
輻輳とは、作業が多くなって対応できなくなることを言います。

このため、作業の優先度を考えて対応する必要があります。この中で一番優
先するのは、トラブル対応業務です。今まで使えていたネットワークが使えな
いと、会社の業務に影響が出るのは間違いありません。その影響が大きいほど、
優先度は高くなります。

✏️ **まとめ**

▷ **運用管理フェーズには定常業務、非定常業務、Q／A対応業務、
トラブル対応業務がある**

▷ **運用業務が輻輳したときは優先度を考えて対応する**

　第1章では、導入フェーズの工程を定義し、作業の流れを説明しました。また、レビューや検証についても説明しました。これらは、ISO 9001 という品質マネジメントシステムに関する国際規格を簡略化して説明しています。

　ISO 9001 の要求事項には、構築したネットワークが最初の要件を満たしているか確認することもあります。各工程でチェックしていても、最終的に作ったものが要件を満たさないと意味がないためです。これを、妥当性確認と言います。妥当性確認を行うには、テスト内容が要件定義のテストできる部分を網羅している必要があります。

　工程の定義は、構築するネットワークによっても違います。また、数十人が利用する小規模ネットワークの場合、厳密な品質管理は必要ないと思います。しかし、少しだけ理解していると作業につまずいたときの助けになります。たとえば、テストでうまくいかないとき、原因は製造工程にあるか、設計工程にあることが多いと思います。パラメータの設定ミスであれば、すぐ直せばよいのですが、設計ミスであれば手戻りも多くなります。

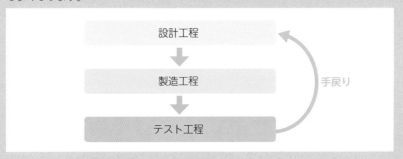

　設計工程を見直すのであれば、後工程の製造も見直す必要があります。パラメータなども変わってくる可能性があるためです。このように、品質管理について知っていると、どこで間違っていて影響はどこまで及ぶのかを整理して考えることができます。また、後工程へ大きく影響するため、設計工程の大切さも理解できると思います。

　中規模以上のネットワークでは、品質管理を十分に行うことも多くあります。また、非機能要件の検討も必要かもしれません。非機能要件とは、システムの要件として明確化されていなくても通常は考慮が必要な要件です。

　非機能要件で考慮する内容はIPA（独立行政法人情報処理推進機構）で公開されており、以下から一覧をダウンロードできます。

http://www.ipa.go.jp/sec/softwareengineering/reports/20100416.html

2章

小規模ネットワークの構築

本章では、小規模ネットワークで使われる機能を説明しつつ、要件定義や設計・設定などをシミュレーション形式で解説します。また、事例と異なるネットワークを構築するときも役立つように、設定の理由も説明しています。

06 構築する小規模ネットワーク

第2章では、小規模ネットワークの構築事例を紹介しながら構築方法を解説していきます。ここでは、その前提となる小規模ネットワークについて、簡単な要件とネットワーク構成などを説明します。

● 小規模ネットワークの要件

今回の事例における要件は、以下のとおりとします。

①本館と工場の2つの建物がある。工場内は広く、距離は80m程度ある。

②本館には20名がいて、インターネットが使える必要がある。また、サーバが1台ある。

③工場には5名が出入りしていて、インターネットを使う。

④工場には共同で利用しているパソコンがあり、本館のサーバと通信する。また、機密情報を扱うためほかのネットワークと通信できないようにしたい。

⑤イントラネットの速度は、1Gbpsにしたい。

⑥本館では、無線LANも使えるようにしたい。

⑦出張したときに、インターネットからイントラネットが使えるようにしたい。

■ 小規模ネットワークの要件概略図

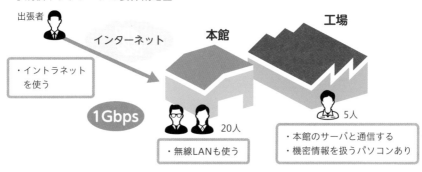

● 小規模ネットワーク仕様の策定

　要件を満たす仕様は、以下のとおりです。用語や技術的な説明は、あとで行います。

①本館と工場で最低2台のLANスイッチが必要となる。

②本館では、以下のポート数を持つLANスイッチが必要。

- ・パソコン用　　　　　　　　：20ポート
- ・サーバ用　　　　　　　　　：1ポート
- ・工場との接続用　　　　　　：1ポート
- ・インターネットとの接続用：1ポート
- ・無線APとの接続用　　　　 ：1ポート

　また、ISPと契約してインターネットを使えるようにする。

③工場では、以下のポート数を持つLANスイッチが必要。

- ・パソコン用　　　　　　　　：6ポート（1つは共同利用パソコン用）
- ・本館との接続用　　　　　　：1ポート

④工場と本館との間でタグVLANを使う必要がある。

⑤LANスイッチは、1000BASE-Tをサポートしている必要がある。

⑥本館では、無線LANの導入が必要となる。

⑦リモートアクセスVPN機能を持つ装置の購入が必要となる。

まとめ

▶ **今回の仕様をネットワーク構成図で示すと以下のようになる**

07 ケーブル

ネットワークを構築するための知識として、まずはケーブルについて説明します。ケーブルにも種類があり、規格によって使える速度も変わってきます。また、制限長も決まっています。

● ツイストペアケーブル

ケーブルとしてもっとも使われるのは、**ツイストペアケーブル**です。ツイストペアケーブルは8芯の銅線を束ねて1本のケーブルにしています。

■ ツイストペアケーブルの構造

屋外に敷設すると落雷で高電圧になり、接続されている機器が故障する可能性があります。また、普通100mが機器間を接続できる制限長です。このため、おもに家庭内や同一階の機器を接続するために使います。

コネクタはRJ45で、爪が付いていてポートに接続する際は押し込むと接続されて、引き抜く際は爪を押さないと抜けないようになっています。

■ RJ45コネクタ

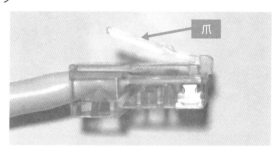

爪

● 光ファイバケーブル

光ファイバケーブルは、ケーブルの中に光が通るように作られていて、光によって通信を行います。屋外に敷設して、落雷があっても影響を受けません。

■ 光ファイバケーブルの構造

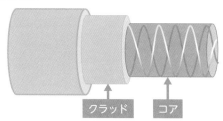

クラッド　コア

光ファイバケーブルには、**マルチモードファイバ**（MMF：Multi Mode Fiber）と**シングルモードファイバ**（SMF：Single Mode Fiber）があります。

マルチモードファイバの接続距離には、2kmなどがあります。このため、建屋内や隣接した建屋間の機器を接続したりするときに使われます。

シングルモードファイバの接続距離には、10kmなどがあります。このため、建屋間、都市間などを結ぶために使われます。

光ファイバケーブルでは、**LCコネクタ**が使われます。LCコネクタは**SFP**（Small Form-factor Pluggable）やSPF+に接続されます。LANスイッチにSFPやSFP+を挿入し、光ファイバケーブル接続用のポートとして使います。

■ SFPとLCコネクタ

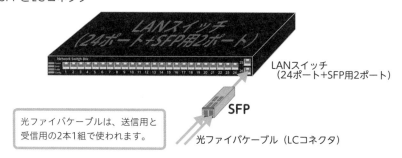

LANスイッチ
（24ポート+SFP用2ポート）

SFP

光ファイバケーブルは、送信用と
受信用の2本1組で使われます。

光ファイバケーブル（LCコネクタ）

● 速度

通信における速度は、ケーブルごとに規格で決められています。最初に、ツイストペアケーブルで使える規格と速度について説明します。

■ ツイストペアケーブルで利用可能な規格

規格	速度	カテゴリ
10BASE-T	10Mbps	3以上
100BASE-TX	100Mbps	5以上
1000BASE-T	1Gbps	5e以上

Mbpsは100万bit／秒の意味で、1秒間に100万の信号を送ることができます。Gbpsは10億bit／秒の意味です。**カテゴリ**は、ツイストペアケーブルの種類です。カテゴリの数字が大きいほど、通信が高速になってもエラーが発生しないように作られています。たとえば、100BASE-TXを使うためには、カテゴリ5以上のツイストペアケーブルを使う必要があります。

次は、光ファイバケーブルで使える規格と速度について説明します。

■ 光ファイバケーブルで利用可能な規格

規格	速度	ケーブル
100BASE-FX	100Mbps	MMF／SMF
1000BASE-SX	1Gbps	MMF
1000BASE-LX	1Gbps	SMF

1000BASE-LXはSMFを使うため長距離で使えますが、一般的に1000BASE-SX用のSFPと比べて高価です。

10Gbpsや100Gbpsなどの規格もありますが、高価なため、かなり大規模で通信量が多いケースでなければ使いません。このため、イントラネットでは一般的な機種でサポートしている1Gbpsを基本として設計することが多いです。

● 機器間接続の設計

　今回の事例では、本館と工場がつながっていることから、すべてツイストペアケーブルを使うことにします。機器間の接続は、以下のとおりです。

■ 機器間の接続図

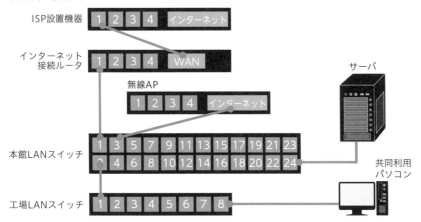

　数字は、ポート番号です。たとえば、本館設置 LAN スイッチと工場設置 LAN スイッチは、2番ポートと1番ポートで接続しています。WAN やインターネットのポートは、インターネット側に向いている機器と接続するためのものです。インターネットに近い方の機器と接続するために使います。

　なお、**1000BASE-T を使うため、ツイストペアケーブルはカテゴリ5e以上（6や7含む）を使います**。

まとめ

▷ **ケーブルにはツイストペアケーブルと光ファイバケーブルがある**

▷ **規格によって100Mbps や1Gbps などの速度が決まっている**

▷ **1000BASE-T ではツイストペアケーブルのカテゴリ5e以上を使う**

08 | LAN スイッチ

この節以降は、機器の選択方法や機能をご紹介しながら、第6節（P.034）で説明した
ネットワークを構築していきます。最初は、LANスイッチについてです。ここでは、
LANスイッチの種類や初期設定内容について説明します。

● ノンインテリジェントスイッチ

ノンインテリジェントスイッチは、設定ができないLANスイッチです。ポー
トに接続された機器の通信を中継することはできますが、それ以上の機能はほ
とんどありません。

このため、居室のパソコンを複数台接続したいけど、イントラネットと接続
するためのケーブルが1本しかない場合などに使います。

■ ノンインテリジェントスイッチの使い道

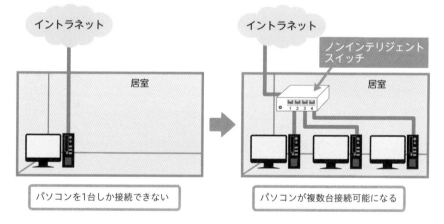

ノンインテリジェントスイッチは、価格が安いのが特徴です。このため、少
人数が使う居室や家庭などでの利用に適しています。監視をしたり、装置の状
態を確認したりすることはできないため、たくさんの通信が中継されるネット
ワークの中心部分や、サーバファームで使うのはお薦めできません。

○ インテリジェントスイッチ

インテリジェントスイッチは、設定ができるLANスイッチです。ノンインテリジェントスイッチと同様に通信を中継するだけであれば何も設定せずに使えますが、設定するとさまざまな機能が利用可能になります。

設定は、コマンドやWebブラウザから行います。この中で、Webブラウザからだけ設定できるインテリジェントスイッチを**スマートスイッチ**と呼びます。コマンドからの設定とWebブラウザからの設定を比較すると、以下のようになります。

■ コマンドからの設定とWebブラウザからの設定の比較

区分	特徴
コマンド	コマンドは、コピー&ペーストができます。このため、複数のLANスイッチを設定するときに早く正確な設定が可能です。
Webブラウザ	設定画面がわかりやすく作られていると、初心者でも比較的簡単に設定ができます。

コマンドでの設定は、たくさんのLANスイッチがある大きなネットワークに適しています。Webブラウザでの設定は、数台規模のネットワークに適しています。

スマートスイッチは、小中規模のネットワークに適した機能に絞っているため、一般的に安く購入できます。ここでは、小規模ネットワークの構築事例のため、ネットギア製スマートスイッチを採用することにします。本館は28ポート使える（ツイストペアケーブルで使えるのは24ポート）「GS728TP」、工場は8ポート使える「GS108T」を採用することにして、以降の説明を行います。

■ ネットギア製GS728TPとGS108T

GS728TP

GS108T

● LANスイッチの登録

最新のネットギア製スマートスイッチは、すべての機能を利用するためには**製品登録が必要**です。製品登録はWebブラウザで以下のURLにアクセスして行います。

https://www.netgear.com/mynetgear/portal/myRegister.aspx

登録には、メールアドレスなどを入力してネットギアのアカウントを作成する必要があります。登録後は、「登録キー」が取得できます。スマートスイッチへ最初にログインするとき、この「登録キー」を入力することですべての機能が使えるようになります。

■ スマートスイッチをインターネットと通信できるようにする

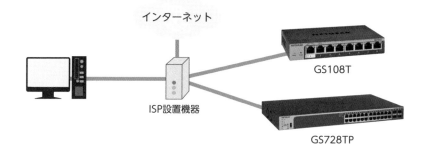

また、スマートスイッチをインターネットと通信できるようにすることでも登録できます。

ISPが設置した機器とスマートスイッチをツイストペアケーブルで接続します。スマートスイッチ側のポートは、どこでもかまいません。その後、パソコンのWebブラウザを起動して、アドレス欄でスマートスイッチのIPアドレスを入力して接続すると、LANスイッチの登録ができます。スマートスイッチのIPアドレスがわからない場合は、**Smart Control Center**が使えます。Smart Control Centerの最新版は、次のURLからダウンロードできます。

http://www.netgear.com/support/product/SCC

ダウンロードしたファイルを実行すると、インストールが始まります。イン
ストール後、Smart Control Centerを起動するとスマートスイッチを発見でき
ます。

■ Smart Control Center初期画面

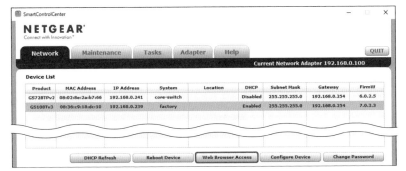

　設定したいスマートスイッチを選択して、「Web Browser Access」をクリッ
クすると、Webブラウザが起動してスマートスイッチと接続します。
　なお、Webブラウザによっては警告画面が表示されます。そのときは、以
下の手順でスマートスイッチに接続します。

・**Google Chromeの場合**

　「詳細設定」→「192.168.0.239にアクセスする」の順にクリック

・**Mozilla Firefoxの場合**

　「詳細情報」→「危険を承知で続行」の順にクリック

・**Microsoft Edgeの場合**

　「詳細」→「Webページへ移動」の順にクリック

　製品登録後は、設定のためにケーブルをいったん外します。また、スマート
スイッチの電源もいったん切ります。

● 設定のためのLANスイッチへのログイン方法

　設定は、パソコンとスマートスイッチだけをツイストペアケーブルで接続した状態で行います。ここでは、GS108Tを例に説明します。接続するGS108Tのポートは、1番ポートとします。

　次に、パソコンの設定を変更します。Windows 10を例に、手順を説明します。

① 画面左下にある「スタート」ボタンを右クリックして、「ネットワーク接続」を選択します。

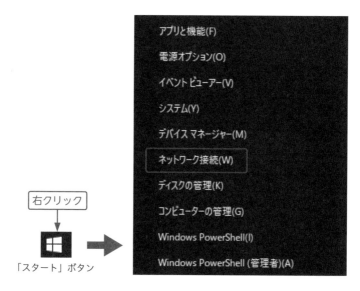

② 開いた設定画面で「接続プロパティの変更」をクリックし、次の画面で「IP設定」下の「編集」をクリックします。

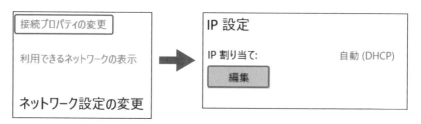

③ プルダウンで「手動」を選択後、IPv4をオンにします。

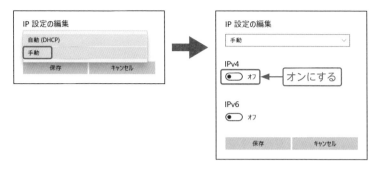

④ 以下の画面が表示されます。

以下のとおり入力し、「保存」をクリックします。

・IPアドレス：192.168.0.100

・サブネットプレフィックスの長さ：24

・ゲートウェイ：192.168.0.1

以上で、パソコン側の設定は完了です。パソコンでWebブラウザを起動してアドレス欄に「192.168.0.239」と入力すると、以下のようにGS108Tの「ローカルログイン」画面が表示されます。

■ GS108Tの「ローカルログイン」画面

パスワード（初期値は「password」）を入力して、「ログイン」をクリックするとログインできます。パスワードが初期値のpasswordの場合、パスワード変更画面が表示されて、パスワードの変更ができます。

なお、インターネットに接続して製品登録しなかった場合、初めてログインするときは「登録キー」の入力が行えます。

また、ほかの機器と先に接続していると、192.168.0.239と入力しても「ローカルログイン」画面が表示されない可能性があります。そのときは、ほかの機器と接続しているケーブルを外してGS108Tを再起動してから行ってください。再起動は、電源の抜き差しで行えます。

GS728TPでも、ログイン方法は同じです。以降の設定方法はGS108Tで説明しますが、本館で使うGS728TPでも同じ手順で設定ができます。設定する値は、本館の内容に合わせて変更してください。設計どおりに設定する場合、パソコンはGS728TPの2番ポートに接続して行います。

● LANスイッチのパスワード設定

パスワードの変更は、「セキュリティ」→「管理セキュリティ」→「ユーザー設定」→「パスワードの変更」で行えます❶～❹。

■ GS108Tの「パスワードの変更」画面

「現在のパスワード」に既存パスワードを入力して、「新しいパスワード」と「パスワードの確認」に新規パスワードを入力します❺。「適用」をクリックすると❻、設定が反映されます。設定後は、「ローカルログイン」画面に戻るため、新規パスワードを入力してログインします。

パスワードの設定を間違えてログインできなくなった場合、装置前面の「Reset」ボタンを5秒押し続ける（GS728TPでは「Factory Defaults」ボタンを押す）と、設定を初期化できます。つまり、パスワードを初期値の「password」に戻せます。

● LANスイッチのシステム名設定

システム名とは、LANスイッチの名前です。複数のLANスイッチがあった場合、どのLANスイッチか区別するために使います。**システム名**は、「システム」→「管理」→「システム情報」で設定できます❶〜❸。

■ GS108Tの「システム情報」画面

「システム名」にシステム名を入力します❹。「適用」をクリックすると❺、設定が反映されます。

システム名は、Smart Control Centerを使ったときに、System欄に表示されます。また、運用が始まったあとで監視するときにもこのシステム名が使えます。このため、設置場所や機能などがわかりやすいようにしておくと、運用管理が楽になります。

◯ LANスイッチの日時設定

LANスイッチの時刻が間違っていると、トラブルが発生したときにいつ発生したか確認が難しくなるため、**日時の設定**が必要です。設定は、「システム」→「管理」→「時間」→「時間設定」で行えます❶〜❹。

■ GS108Tの「時間設定」画面

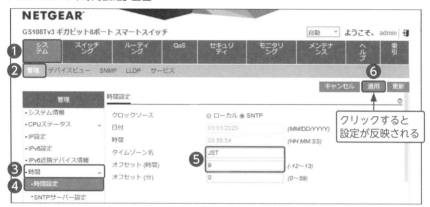

デフォルトが、SNTP（Simple Network Time Protocol）での時刻同期になっています。SNTPは、インターネットに接続していれば自動で日時を合わせてくれます。時刻同期先は、デフォルトで登録されています。

上記画面では、「タイムゾーン」で「JST」と入力し、「オフセット（時間）」で「9」と入力します❺。これは、日本時間が世界の標準時間から9時間進んでいるためです。「適用」をクリックすると❻、設定が反映されます。

なお、「クロックソース」でローカルを選択すると、手動で日時を設定できますが、再起動するともとに戻ってしまいます。

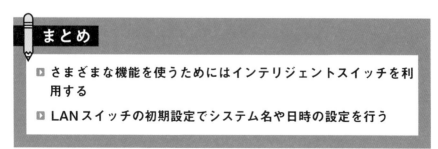

まとめ

▸ さまざまな機能を使うためにはインテリジェントスイッチを利用する

▸ LANスイッチの初期設定でシステム名や日時の設定を行う

09 VLAN

LANスイッチのポートは、グループ分けすることができます。グループ分けすると、グループ内だけで通信が可能になります。ここでは、VLANのしくみや設定について説明します。

● ポートVLAN

　LANスイッチのポートに10番、20番などの番号を設定し、**グループ分け**することができます。

■ ポートVLAN

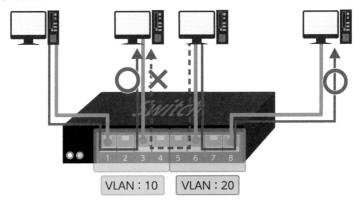

　同じVLAN番号が割り当てられたポート間は通信可能ですが、異なる番号が割り当てられたポート間は通信できません。このように、1つのポートに1つのVLAN番号を割り当てる機能を、**ポートVLAN**と言います。

　VLANは、2つだけでなく複数設定できます。LANスイッチの仕様によって異なりますが、GS108Tであれば64個設定できます。

　なお、一般的に初期状態ではVLAN:1が全ポートに設定されているため、何も設定しなければすべてのポート間で通信ができます。

● タグVLAN

2台のLANスイッチにまたがった場合にもVLANは利用できます。これを、**タグVLAN**と呼びます。

タグVLANを利用するポートは、通信を送信するときにタグと呼ばれるVLANの番号を付与します。受信側は、このタグを見てポートVLANで同じ番号を設定したポートにだけ通信を中継します。

■ タグVLAN

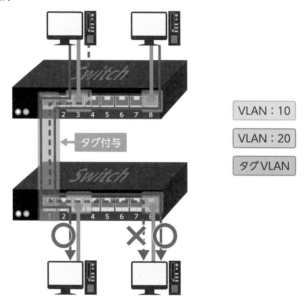

たとえば、VLAN:10のポートに接続されたパソコンからの通信は、タグVLANを使っているポートからタグ：10番が付与されて送信されます。受信側のLANスイッチは、10番の番号を見てVLAN:10のポートに接続されたパソコンにだけ通信を転送します。

VLAN:20のポートに接続されたパソコンからの通信は、タグの番号が20番で送信されるため、接続先のLANスイッチでVLAN:20のポートに接続されたパソコンとだけ通信可能です。ポートVLANのときと同じで、10番と20番の間で、通信はできません。

● VLANの設計

　ここでの事例では、共同で使うパソコンは機密情報を扱うため、インターネットが使えるネットワークとVLANを分ける必要があります。インターネットが使えるネットワークのVLANを10番、共同で使うパソコンのVLANを20番とします。

　また、共同で使うパソコンは本館のサーバと通信する必要があるため、タグVLANも使います。

■ VLANの割り当て

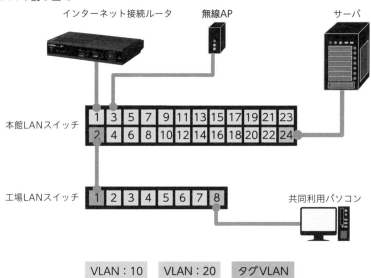

　このようにすると、**共同利用のパソコンとサーバ間は通信できますが、そのほかの機器とは通信できません**。また、VLAN:10を割り当てたポートに各人のパソコンを接続すれば、インターネット接続ルータを経由してインターネットが使えるようになります。

　無線APをVLAN:10のポートに接続しているのは、無線を経由する通信でもインターネットが使えるようにするためです。

　VLANの設計は、次ページのように論理構成図としても表せます。

■ VLANの論理構成図

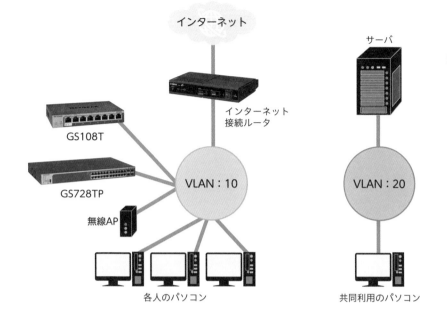

　VLAN:10側に、インターネットを利用するパソコンや無線AP、インターネット接続ルータなどが接続されています。VLAN:20側は、機密情報を扱うサーバとそれを利用するパソコンだけが接続されています。

　VLAN:10とVLAN:20の間は接続されていないため、通信できないことが図から読み取れます。

　2つのVLANだけであれば、論理構成図は必要ないかもしれませんが、ネットワークの規模が大きくなってくると、論理構成図があった方が通信可能な範囲がわかりやすくなります。

　なお、LANスイッチのGS108TとGS728TPもVLAN:10側に接続されています。これは、閉鎖されたVLAN:20ではなくインターネットと通信可能なVLANに接続する必要があるためです。SNTPなど、インターネットと通信可能なことで利用できる機能もあります。

　また、VLAN:10側に接続していれば、各人のパソコンからも通信ができます。このため、構築したあとで運用中に設定変更するときは、ネットワークから外さなくてもこのままWebブラウザでLANスイッチに接続することができます。

◯ VLANの設定

VLANの設計に基づいて、GS108Tの設定を行います。まずは、VLANを作成する必要があります。

VLANの作成は、「スイッチング」→「VLAN」→「拡張」→「VLAN設定」で行います①〜④。

■ GS108Tの「VLAN設定」画面

「VLAN ID」に番号を入力します。「VLAN名」は省略可能ですが、VLANに対する説明が入力できます⑤。「追加」をクリックすると⑥、VLANが追加されます。

上記ではVLAN:10を作成していますが、設計どおりにするためにはVLAN:20も作成します。

次は、VLANをポートに割り当てる必要があります（次ページの画面参照）。まずは、タグがない通信を受信したときの扱いを「Port VLAN ID (PVID) 設定」で設定します①。

■ GS108Tの「Port VLAN ID (PVID) 設定」画面

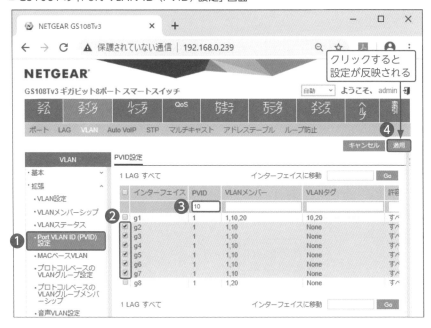

設定するポート番号にチェックを入れ❷、「PVID」にVLAN番号を入力します
❸。「適用」をクリックすると❹、設定が反映されます。

上記は、VLAN:10に対する設定のため、ポート番号2 (g2) から7 (g7) を選
択しています。これで、ポート番号2から7で受信した通信はVLAN:10として
扱われます。VLAN:20に対しては、ポート番号8を選択して設定します。

ポイントは、この設定がタグのない通信を受信したときのVLANを決めると
いう点です。タグ付きの通信であれば、タグでVLAN番号がわかります。つまり、
タグVLANを利用するポート番号1には、設定が不要です。

次は送信時の割り当てです（次ページの画面参照）。

■ GS108Tの「VLANメンバーシップ」画面

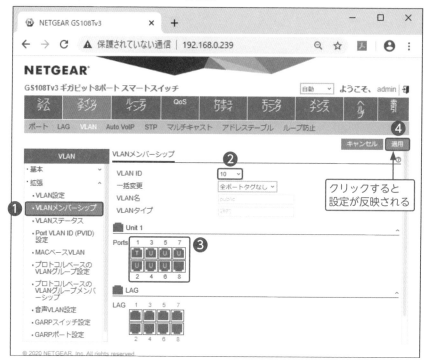

　割り当ては、「VLANメンバーシップ」❶で設定します。「VLAN ID」で、設定するVLANを選択します❷。その後、「Unit1」の下にあるポート番号の下をクリックして、ポートVLANを設定したい場合は「U」、タグVLANを設定したいポートは「T」にします❸。「適用」をクリックすると❹、設定が反映されます。

　VLANメンバーシップの設定は、GS108Tから通信を送信するときの設定です。**「T」に設定するとタグ付きで送信し、「U」に設定するとタグなしで送信します。**

　上記画面はVLAN:10を例にしているため、ポート番号1はタグ付きで送信し、ポート番号2から7はタグなしで送信する設定になります。

　VLAN:20も同様に設定が必要です。VLAN:20のときは、ポート番号1をタグVLAN（「T」）に設定して、ポート番号8をポートVLAN（「U」）に設定します。

　ここまでの設定で、ポート番号1はタグVLAN、ポート番号2〜7はポートVLANで10番、ポート番号8はポートVLANで20番が設定されます。

最後は、GS108T自身のVLANを設定します。設定は、「システム」→「管理」→「IP設定」で行います❶〜❸。

■ GS108Tの「IP設定」画面

「管理VLAN」に「10」と入力し❹、「適用」❺をクリックすると、VLAN:10を利用して通信ができるようになります。

以上の設定によって、以降はポートVLANでVLAN:10を割り当てたポート以外はGS108Tと通信ができなくなります。このため、パソコンはポート番号2から7のどれかに接続し直す必要があります。また、GS728TPでは、ポート番号1、または3から23のどれかに接続し直す必要があります。

まとめ

- ▶ VLANにはポートVLANとタグVLANがある
- ▶ ポートVLANは1台のスイッチでポートをグループ分けするために使う
- ▶ タグVLANは複数のスイッチをまたがった通信をグループ分けするために使う

10 無線 LAN

無線LANにも規格があります。企業向けのものは機能も豊富ですが、高価です。このため、小規模ネットワークでは、家庭向けのものでも十分と思われます。ここでは、小規模ネットワークの無線LANの選択と設定について説明します。

◉ 無線LANの規格

　無線LANは、無線AP（Access Point）や無線親機（以降、「無線AP」で統一）と呼ばれる機器に、パソコンやスマートフォンから接続して通信を行います。

　無線LANは、**規格によって速度が異なります。**

■ 無線LANの規格と速度

規格	最大速度	周波数帯
IEEE 802.11a	54Mbps	5GHz
IEEE 802.11b	11Mbps	2.4GHz
IEEE 802.11g	54Mbps	2.4GHz
IEEE 802.11n	150Mbps×4	2.4GHz／5GHz
IEEE 802.11ac	867Mbps×8	5GHz

　最大速度で速度×4などと記載されているのは、アンテナ1本で使える速度×アンテナの本数の意味です。IEEE 802.11nであれば、最大速度は600Mbpsになります。

　無線APでサポートしている規格と、パソコンやスマートフォンでサポートしている規格が異なると、通信できません。しかし、**IEEE 802.11gをサポートしていれば、同じ周波数帯のIEEE 802.11bもサポートしているのが一般的**です。また、2.4GHzと5GHzの両方をサポートしていることもあります。

◯ SSIDと認証・暗号化

　無線APが複数あった場合、**SSID**（Service Set Identifier）によって区別されます。SSIDは、1つの無線APに複数設定できることもありますが、基本は無線APを区別するものと考えるとわかりやすいと思います。

■ SSIDのしくみ

　無線LANは、電波が届く範囲であれば屋外からも接続できてしまうため、**認証**と**暗号化**が必要です。認証とは、ログインするときにパスワードを入力するのと同じで、接続してきた装置が正当かどうかを**事前共有キー**で確認するものです。また、事前共有キーを利用して暗号化も行います。この認証と暗号化のしくみは、無線APで選択できるようになっています。

■ 認証と暗号化方式

方式	説明
なし	認証も暗号化も行いません。
WEP	非常に簡単なセキュリティで、利用は推奨されません。
WPA-PSK	WEPを強固にした方式です。
WPA2-PSK	AESというもっとも強固な暗号化ができます。

　通常は、もっとも強固なWPA2-PSKを選択します。

◉ 無線LANの設計

ここでは、IEEE 802.11acからIEEE 802.11aまでの規格に対応する無線LANを選択することとします。この場合、パソコン側がどの規格に対応していても接続が可能です。また、スマートフォンを接続することもできます。

設計例は、以下のとおりです。

■ 無線LANの設計

項目	説明
対応規格	IEEE 802.11a、IEEE 802.11b、IEEE 802.11g、IEEE 802.11n、IEEE 802.11ac
SSID	2.4GHz：building-2g 5GHz　：building-5g
認証と暗号化方式	WPA2-PSK（5GHz、2.4GHz共に）
事前共有キー	password　（5GHz、2.4GHz共に）
APのIDとパスワード	ID：building、パスワード：Wi-Fi-pass

実際の設計では、事前共有キーやパスワードは複雑なものにしてください。とくに、簡単な事前共有キーを使うと、屋外から何度もトライして接続される恐れがあります。

上記により、SSID: building-5gを選択すると5GHz、SSID:building-2gを選択すると2.4GHzが使えるようになります。パソコン側から接続する際は、その中でもっとも高速な規格を無線APとのやり取りで決定します。

■ 規格の自動選択

IEEE 802.11gで接続

IEEE 802.11b、gに対応

IEEE 802.11b、g、nに対応

● 無線APの設定

　ここでは、エレコム製無線APを例に、設定を説明します。以下は、設定画面です。

■ エレコム製無線AP設定画面

	2.4GHz	5GHz

2.4GHz :	● Wi-Fi（無線LAN）を有効にする
SSID :	building-2g
	※最大32文字、半角英数字または"-"、"_"のみ
認証方式 :	WPA Pre-Shared Key（推奨）　　　　▲▼
暗号化 :	WPA2 AES（推奨）　　　　　　　　　▲▼
キーの種類 :	パスフレーズ（8〜63文字）　　　　　▲▼
暗号化キー :	password　　　　　　　　　　　　　👁
ステルス機能 :	○ 有効　　● 無効

　認証方式でWPA Pre-Shared Key、暗号化でWPA2 AESを選択することで、WPA2-PSKになります。Pre-Shared Keyが、事前共通キーの意味です。上記画面では、暗号化キーと表示されていますが、これが事前共有キー自体を入力する部分です。メーカや機種によっては、パスワードやセキュリティキーと表示されている場合もあります。

　上記は、2.4GHzの設定ですが、画面上部を選択すると5GHzの設定が行えます。設定内容は、2.4GHzと同様です。

　なお、設計どおりにするためには、設定画面にログインするためのIDとパスワードも変更しておきます。

● 無線LAN接続のためのパソコン（Windows 10）の設定

パソコンを無線LANに接続する手順を、Windows 10を例に説明します。

タスクバー右の地球のようなアイコンをクリックすると、**SSID一覧**が表示されます。近くにほかの無線APがあるとSSIDが複数表示されますが、自身が設定したSSIDを選択して「接続」をクリックすると、以下の画面が表示されます。

■ Windows 10でSSIDを選択して「接続」をクリックしたあとの画面

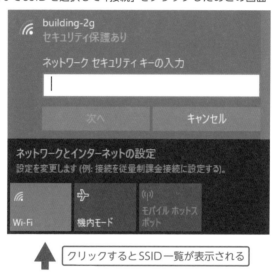

「**ネットワーク セキュリティ キーの入力**」のところで無線APに設定した事前共有キーを入力し、「次へ」をクリックすると接続は完了です。

認証と暗号化方式は、自動で無線APに設定したものが使われます。このため、接続できなかった場合は事前共有キーが間違っている可能性が高いため、再度入力してみることをお薦めします。

● 無線LAN接続のためのスマートフォンの設定

次は、**iPhone**を無線LANに接続する手順です。

「設定」→「Wi-Fi」の順にタップすると、SSID一覧が表示されます。無線AP で設定したSSID（ここでの例ではbuilding-5g）を選択すると、以下の画面が表示されます。

■ iPhoneでSSID選択後の画面

パスワード右に無線APに設定した事前共有キーを入力し、「接続」をタップすると接続は完了です。

Androidスマートフォンでも設定は同じです。「設定」→「Wi-Fi」の順にタップすると、SSID一覧が表示されるため、無線APに設定したSSIDを選択して事前共有キーを入力します。

なお、サポートしている規格は機種によって異なりますが、最近のスマートフォンはほとんどの規格に対応しています。

まとめ

- ▶ 無線LANには規格があり、無線APでサポートする規格とパソコンやスマートフォンがサポートする規格が一致している必要がある
- ▶ 無線APはSSID、認証と暗号化方式、事前共有キーを設定する
- ▶ パソコンやスマートフォンではSSIDを選択して事前共有キーを入力すれば接続できる

11 インターネットとの接続

インターネット接続ルータを利用する場合、ISPが設置する機器と接続してインターネットと通信できるようにする必要があります。ここでは、インターネットとの接続方法と設定について説明します。

● ISPが設置する機器との接続

ISPが設置する機器とLANスイッチ間は、ツイストペアケーブルで接続できます。**LANスイッチにパソコンを接続すると、デフォルトの状態ではそれだけでインターネットと通信が可能**になります。

■ ISPが設置する機器とパソコンの接続

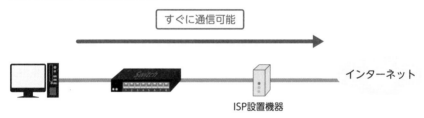

これは、契約の内容にもよりますが、ISPが設置する機器でパソコンがインターネットと通信するための設定を自動で行ってくれるためです。しかし、今回の事例では「出張したときに、インターネットからイントラネットが使えるようにしたい」という要件もあります。このため、ISPが設置する機器の機能は使わずに、インターネット接続ルータとしてヤマハ製品の「NVR510」を使います。

■ ヤマハ製NVR510

○ インターネット接続ルータへのログイン

NVR510は、Webブラウザからログインできます。

最初に、パソコンとNVR510をツイストペアケーブルで接続します。接続するNVR510のポートは、LANと書かれているポート番号1～4のどこでもかまいません。

LANスイッチと違って、パソコン側の設定は必要ありません。LANスイッチの設定を先に行っているなどで設定を変更している場合は、P.044の「設定のためのLANスイッチへのログイン方法」で説明したのと同じ手順で以下の画面を開き、「自動（DHCP）」を選択してから❶、「保存」をクリックします❷。

■ Windows 10で「自動（DHCP）」を選択する

Webブラウザを起動して**アドレス欄に「192.168.100.1」と入力**します。「ユーザー名」と「パスワード」は空欄のまま「OK」をクリックすると、ログインできます。

◯ インターネット接続ルータのパスワード設定

パスワードの変更は、「かんたん設定」→「基本設定」→「管理パスワード」で
行えます❶〜❸。

■ NVR510の「管理パスワードの設定」画面

　　上記で「設定」をクリックすると❹、以下の画面が表示されます。

■ NVR510の「パスワードの設定」画面

　　「新しいパスワード」で設定するパスワードを入力し❶、「新しいパスワード
（確認）」で同じパスワードを入力します❷。「次へ」をクリックすると❸、次ペー
ジの画面が表示されます。

■ NVR510の「入力内容の確認」画面

そのまま「設定の確定」をクリックすると、パスワードが変更されます。設定後はすぐにパスワード入力を求められます。入力を求められない場合は、画面右上の「ログアウト」をクリックして、いったんログアウトする必要があります。

再度接続した際は、「ユーザー名」は空欄のままにして、設定したパスワードを「パスワード」に入力後❶、「OK」をクリックするとログインできます❷。

■ Webブラウザの「ユーザー名」と「パスワード」入力画面

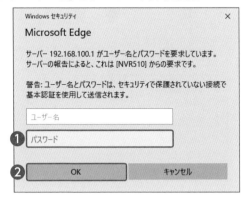

なお、パスワードの設定を間違えてログインできなくなった場合、装置の「INIT」ボタンを押しながら電源を入れることで設定を初期化できます。つまり、パスワードが設定されていない状態に戻せます。

● インターネット接続ルータの日時設定

日時は、「かんたん設定」→「基本設定」→「日付と時刻」で変更できます❶～❸。

■ NVR510の「日付と時刻の設定」画面（1ページ目）

上記で現在の日時を確認し、間違っていた場合は「設定」をクリックすると、以下の画面が表示されます。

■ NVR510の「日付と時刻の設定」画面（2ページ目）

「コンピューターの時刻に合わせる」を選択すると、パソコンで設定されている日時がNVR510に自動で反映されます。「以下の日時に合わせる」を選択すると、その下に日時を入力できるようになるため、手動で設定します。設定内容は、次ページの形式となります。

・「年/月/日」→例：2019/12/11

・「時：分：秒」→例：22:21:22

　入力後に「次へ」をクリックすると確認画面が表示されるため、内容を確認して「設定の確定」をクリックすると日時が変更されます。

　なお、時刻は時間がたつと徐々にずれてきます。このため、**正確な時刻が設定されたNTP（Network Time Protocol）サーバに同期**させることもできます。設定は、「日付と時刻の設定」画面（1ページ目）で「日時の同期」右の「設定」を選択して行います。

■ NVR510の「NTPの設定」画面

　初期値では、「ntp.nict.jp」に毎日同期する設定になっているため、このまま「次へ」をクリックします。確認画面が表示されるため、「設定の確定」をクリックすると完了です。

　ntp.nict.jpは、国立研究開発法人 情報通信研究機構（NICT）が提供しているサービスで、利用は無料です。NTPサーバと時刻同期させると、定期的に日時を合わせるため、時刻がほとんどずれません。

◎ インターネットとの接続設定

　インターネットとの接続を設定するときは、先にISPが設置した機器とツイストペアケーブルで接続してから行います。回線の自動判別が行えるためです。自動判別では、以下のような接続方式が表示されます。

■ 回線自動判別結果

接続方式	説明
PPPoE	ユーザIDとパスワードにより認証を行う接続方法です。
DHCPまたは固定IPアドレス	ユーザIDやパスワードの設定は不要です。

　フレッツ光などでは、**PPPoE**（Point-to-Point Protocol over Ethernet）による接続方式です。

　ここでは最初に、PPPoEでの接続方法を説明し、あとでDHCPまたは固定IPアドレスでの接続方法を説明します。

● PPPoE接続方式

　設定は、「かんたん設定」→「プロバイダー接続」で行います❶～❷。

■ NVR510の「プロバイダー接続」画面（接続前）

　上記で「新規」をクリックすると❸、次ページの画面が表示されます。

■NVR510の「インターフェースの選択」画面

通常は「WAN」を選択して❶、「次へ」をクリックします❷。NTT東日本から
ONUの提供を受けている場合は「ONU」を選択します（参考URL: http://www.
rtpro.yamaha.co.jp/RT/docs/onu/index.html）。

ISPが設置した機器と先に接続していた場合、回線の自動判別が行われます。

■NVR510の「回線自動判別」画面

上記では、「PPPoE接続が利用可能です。」と表示されています。そのまま「次
へ」をクリックすると、次ページの画面が表示されます。

■ NVR510の「接続種別の選択」画面

　「PPPoE接続」が選択されているのを確認し❶、そのまま「次へ」をクリック
すると❷、以下の画面が表示されます。

■ NVR510の「プロバイダー情報の設定」画面（PPPoEのとき）

　少なくとも、「ユーザーID」と「接続パスワード」の入力が必要です❶。この
2つは、ISPと契約すると情報が送られてきます。「ユーザーID」は、「ユーザー
ID@ドメイン名」という形式になっています。「設定名」は、複数のISPと契約
があっても区別しやすいよう名前を付けられますが、省略もできます。「次へ」
をクリックすると❷、次ページの画面が表示されます。

■ NVR510の「DNSサーバーの設定」画面

通常は、設定の変更は必要ありません。もし、ISPから指定があった場合、「プロバイダーとの契約書にDNSサーバーアドレスの指定がある」を選択し、指定されたアドレスを入力します。

「次へ」をクリックすると、以下の画面が表示されます。

■ NVR510の「フィルターの設定」画面

「すべてのアプリケーションの利用を許可する」が選択されています。これは、イントラネットからインターネットへの通信はすべて許可し、インターネットからイントラネット内への通信はすべて遮断する設定です。

このまま「次へ」をクリックすると、確認画面が表示されるため、「設定の確定」をクリックするとインターネットに接続できます。

接続が成功すると、以下の画面のように「接続状態」が緑の矢印になります。

■ NVR510の「プロバイダー接続」画面（接続後）

● DHCPまたは固定IPアドレス接続方式

「回線自動判別」画面（P.071参照）で、以下のように「DHCP、または固定IPアドレスによる接続が利用可能です。」と表示された場合、DHCP、または固定IPアドレスによる接続が利用できます。

■ 「回線自動判別」の結果（DHCPまたは固定IPアドレス）

次の「接続種別の選択」画面では「DHCP、または固定IPアドレスによる接続」が選択されているため、そのまま「次へ」をクリックすると、次ページの画面

が表示されます。

■ NVR510の「プロバイダー情報の設定」画面 (PPPoE以外)

設定名は、先に説明したとおりで省略もできます。

WAN側IPアドレス は、「DHCPクライアント」を選択すると、自動設定されます。「IPアドレス」を選択すると手動設定になります。どちらを選択するかは、ISPからの指示によります。**手動設定の場合、ISPから指定されたIPアドレス、ネットマスク、デフォルトゲートウェイの入力が必要**です。

以降の「DNSサーバーの設定」や「フィルターの設定」は、PPPoEのときと同じです。

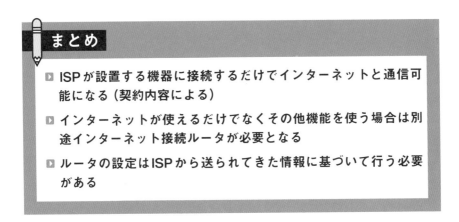

まとめ

▸ **ISPが設置する機器に接続するだけでインターネットと通信可能になる（契約内容による）**

▸ **インターネットが使えるだけでなくその他機能を使う場合は別途インターネット接続ルータが必要となる**

▸ **ルータの設定はISPから送られてきた情報に基づいて行う必要がある**

12 リモートアクセスVPN

この第2章の事例では、「出張したときに、インターネットからイントラネットが使えるようにしたい」という要件があります。ここでは、リモートアクセスVPNについて説明します。

● PPTPとL2TP/IPsec

　インターネットからイントラネットへむやみに通信を許可すると、悪意のある人が乗り込んでくる恐れがあります。このため、ユーザ名とパスワードなどにより、イントラネットへ通信できる人を認証することが必要になります。また、インターネットで通信を傍受されないように、暗号化も必要です。

■認証と暗号化

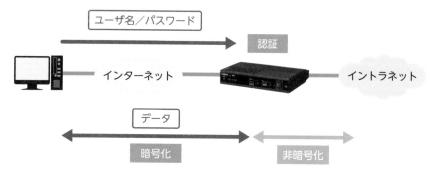

　これは**リモートアクセスVPN**で実現できます。リモートアクセスVPNで接続したあとは、事務所にいるときと同じようにイントラネットが使えます。
　リモートアクセスVPNの方法はいくつかありますが、NVR510がサポートしているのは**PPTP**（Point to Point Tunneling Protocol）と**L2TP/IPsec**（Layer 2 Tunneling Protocol/IP Security Architecture）です。ここでは、PPTPと比較して安全性が高いL2TP/IPsecの設定を説明していきます。

● L2TP/IPsecの設計

L2TP/IPsecの設計は、以下のとおりとします。

■ L2TP/IPsecの設計例

項目	設定値
認証鍵	password
認証アルゴリズム	HMAC-SHA
暗号アルゴリズム	AES-CBC
ユーザ認証方式	MSCHAP-v2

上記設定値は認証アルゴリズム、暗号アルゴリズム、ユーザ認証方式ともに、NVR510のデフォルトです。各項目の意味は、以下のとおりです。

■ 各項目の意味

項目	意味
認証鍵	無線LANでも出てきた事前共有キーのことです。パソコンでも同じ認証鍵を設定する必要があります。
認証アルゴリズム	認証時に使うアルゴリズムです。HMAC-SHA256、HMAC-SHA、HMAC-MD5から選択できます。左にいくほど強固ですが、パソコンがサポートしている必要があります。
暗号アルゴリズム	暗号で使うアルゴリズムです。AES256-CBC、AES-CBC、3DES-CBC、DES-CBCから選択できます。同じく左にいくほど強固ですが、パソコンがサポートしている必要があります。
ユーザ認証方式	MSCHAPも選択可能ですが、セキュリティを考慮してMSCHAP-v2とします。

また、以下のユーザを1名、設定することにします。

・ユーザ名 ：vpn-user
・パスワード：passowrd

認証鍵もパスワードも、実際の設計では複雑なものにしてください。

● L2TP/IPsecの設定

NVR510でL2TP/IPsecの設定をする場合、「かんたん設定」→「VPN」→「リモートアクセス」を選択します❶～❸。

■NVR510の「リモートアクセスVPN」画面（初期状態）

「新規」をクリックすると❹、以下の画面が表示されます。

■NVR510の「共通設定」画面

「L2TP/IPsecを使用する」にチェックを入れ❶、そのほかは設計どおりに入力・選択します❷。「次へ」をクリックすると❸、次ページの画面が表示されます。

■NVR510の「ユーザーの登録」画面

　設計どおりに「ユーザー名」と「パスワード」を入力し❶、「次へ」をクリック
すると❷、確認画面が表示されます。「設定の確定」をクリックすると、以下の
画面が表示されて完了です。

■NVR510の「リモートアクセスVPN」画面（設定完了時）

　「ユーザー名」右の「設定」ボタンで、「ユーザー名」や「パスワード」の変更
ができます。「削除」ボタンでは、ユーザを削除できます。「登録ユーザーの追加、
変更を行います。」の右にある「設定」をクリックし、次に表示される画面で「+」
ボタンをクリックすると、ユーザを追加することもできます。

● ネットボランチ DNS の設定

パソコンなどからリモートアクセスVPNで接続するときは、接続先を指定する必要があります。接続先はわかりにくいのですが、NVR510では接続先をわかりやすくすることができます。これを、**ネットボランチ DNS**と言います。

設定は、「かんたん設定」→「ネットボランチDNS」で行えます❶～❷。

■ NVR510の「ホストアドレスの設定」画面

ホスト名は、好きな名前を設定できます❸。「次へ」をクリックすると❹、以下の画面が表示されます。

■ NVR510の「利用規約の確認」画面

「同意する」をクリックすると確認画面が表示されるため、「設定の確定」を
クリックすると完了です。

完了後は、以下の画面が表示されます。

■ NVR510の「ネットボランチDNS」画面

上記では、ホスト名の右に「exammain-vpn01.aa1.netvolante.jp」と表示され
ています。このホスト名は、インターネットからNVR510と通信できるように
登録されます。

■ インターネットで使えるようにホスト名が登録される

このため、パソコンやスマートフォンからリモートアクセスVPNで接続す
るときに、接続先としてこのホスト名が利用できます。

すでに同じ名前のホスト名が使われていた場合、同じ名前は使えないため別
の名前で設定をやり直します。

なお、ネットボランチDNSのしくみについては、第3章のP.131の「ネット
ボランチDNSを活用したIPsec接続」を参照してください。

● リモートアクセスVPNのためのパソコン（Windows 10）の設定

　出張先からリモートアクセスするための手順を、Windows 10を例に説明します。

① 画面左下にある「スタート」ボタンを右クリックして、「ネットワーク接続」を選択します。

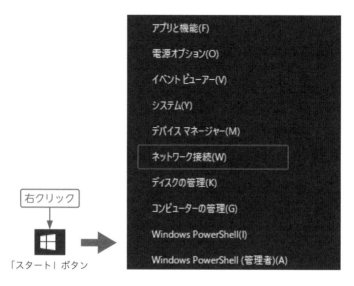

② 「VPN」❶→「VPN接続を追加する」❷の順に選択します。

③ 以下の画面が表示されます。

- **VPN プロバイダー**

  Windows（ビルトイン）を選択します。

- **接続名**

  わかりやすい名前を付けます。

- **サーバー名またはアドレス**

  ネットボランチDNSの設定で、最後に表示されていた接続先の情報（ホスト名）です。

- **VPNの種類**

  「事前共有キーを使ったL2TP/IPsec」を選択します。

- **事前共有キー**

  L2TP/IPsecの設計で説明した認証鍵です。設計どおりであれば、password になります。

- **サインイン情報の種類**

  「ユーザー名とパスワード」を選択します。

- **ユーザー名（オプション）**

  L2TP/IPsecの設計で説明したユーザ名です。設計どおりであれば、vpn-userになります。

- **パスワード（オプション）**

  L2TP/IPsecの設計で説明したパスワードです。設計どおりであれば、passwordになります。

④ 前画面で「保存」をクリックすると、以下のように新たなアイコンが作成されているため、これをクリックしてVPN接続します。

次からは、タスクバー右のアイコンから接続することも可能です❶〜❷。

切断するときは、同様にタスクバー右のアイコンから「切断」をクリックします。

● リモートアクセスVPNのためのスマートフォンの設定

次は、スマートフォンをリモートアクセスVPNで接続する手順を紹介します。

● iPhoneのリモートアクセスVPN設定

iPhoneでのリモートアクセスVPNの設定方法です。「設定」→「一般」→「VPN構成を追加...」の順に選択すると、以下の画面が表示されます。

■ iPhoneの「構成を追加」画面

- **タイプ**

  L2TPを選択します。

- **説明**

  わかりやすい名前を付けます。

- **サーバ**

  ネットボランチDNSの設定で、最後に表示されていた接続先の情報（ホスト名）です。

- **アカウント**

  L2TP/IPsecの設計で説明したユーザ名です。設計どおりであれば、vpn-userになります。

- **シークレット**

  L2TP/IPsecの設計で説明した認証鍵です。設計どおりであれば、passwordになります。

これらの項目を設定して「完了」をタップすると以下の画面が表示されるため、状況のスイッチを右にスライドさせます。

■ iPhoneの「VPN」画面

次に表示された画面でパスワードを入力すれば、VPN接続できます。切断は、上記のスイッチを左にスライドさせるだけです。

また、同様のアイコンが「設定」を開いた最初のページにも追加されているため、上記と同様にスライドさせて接続と切断ができるようになります。

● AndroidスマートフォンのリモートアクセスVPN設定

Androidスマートフォンでは、「設定」→「その他」→「VPN設定」→「+」の順に選択すると、以下の画面が表示されます（2枚は、上下にスライドさせたものです）。

■ Androidスマートフォンの「VPNプロフィールの編集」画面

• 名前

わかりやすい名前を付けます。

- **タイプ**

  L2TP/IPsec PSKを選択します。

- **サーバーアドレス**

  ネットボランチDNSの設定で、最後に表示されていた接続先の情報（ホスト名）です。

- **IPSec事前共有鍵**

  L2TP/IPsecの設計で説明した認証鍵です。設計どおりであれば、password になります。

上記の項目を設定して「保存」をタップすると、以下のように項目が追加されるのでタップします。

■ Androidスマートフォンの「VPN設定」画面

表示された画面で、「ユーザー名」と「パスワード」を入力すれば、VPN接続できます。切断は、上記項目を再度タップしたあとに「切断」をタップするだけです。

NVR510、パソコン、スマートフォンと使う言葉が異なるので、わかりにくいと思いますが、意味を理解して設定すると間違いにくくなります。

まとめ

- インターネットからイントラネットを使うためにはリモートアクセスVPNを使う
- リモートアクセスVPNとしてPPTPやL2TP/IPsecなどがある
- L2TP/IPsecではインターネット接続ルータ側とパソコンやスマートフォン側の設定を一致させる必要がある

13 テスト

製造が終わったあとは、テストを行います。テストには**単体テスト**と**システムテスト**があります。テストをしていないと、運用が始まったあとにトラブルが発生する可能性が大きくなります。

● 単体テスト

単体テストは、装置単体で行うテストです。以下は、単体テストの例です。

■ 単体テストの例

機種	テスト内容
GS108T GS728TP	本体の起動確認
	本体へのログイン確認
	日時の確認
	ポートのリンクアップ確認
無線AP	本体の起動確認
	本体へのログイン確認
	無線APへの接続確認（Windows 10、iPhone、Android）
NVR510	本体の起動確認
	本体へのログイン確認
	日時の確認
	ポートのリンクアップ確認
	インターネットへの通信確認
	VPNでの接続確認（Windows 10、iPhone、Android）

それぞれの意味は、次のとおりです。

• 本体の起動確認

本体を電源に接続し、LEDランプなどで起動を確認します。一般的に青や緑のランプが点灯すると正常、赤のランプが点灯すると異常を示します。

- **本体へのログイン確認**

  Web ブラウザから装置本体にログインできることを確認します。

- **日時の確認**

  装置本体にログインしたあと、日時を表示して正常であることを確認します。
  SNTP を利用している場合は、インターネットと接続したあとに確認します。

- **ポートのリンクアップ確認**

  1つ1つのポートにパソコンを接続して、LED の点灯を確認します。LED が
  点灯すれば、通信できる状態です。

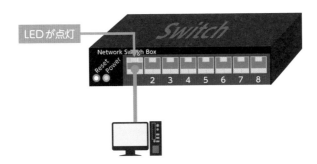

- **無線 AP への接続確認**

  SSID を選択して、無線 AP に接続できることを確認します。

- **インターネットへの通信確認**

  NVR510 にパソコンを接続して、インターネットが利用できることを確認し
  ます。

- **VPN での接続確認**

  リモートアクセス VPN で接続できることを確認します。

● システムテスト

システムテストは、連携する機能を確認します。可能な限り多くの装置を接続してテストを行うことが望まれます。小規模ネットワークの場合は、すべての装置を接続して行うとよいでしょう。以下は、システムテストの例です。

■ システムテストの例

項	テスト内容
1	LANスイッチに接続したパソコンからインターネットが利用できることの確認
2	無線APに接続したパソコン、iPhone、Androidからインターネットが利用できることの確認
3	リモートアクセスVPNで接続したパソコン、iPhone、Androidから社内機器へ通信できることの確認
4	機密情報を扱うパソコンとサーバ間で通信できることの確認
5	機密情報を扱わないパソコンから、機密情報を扱うサーバへ通信できないことの確認

確認のポイントとしては、以下のとおりです。

- **LANスイッチに接続したパソコンからインターネットが利用できることの確認**

  本館と工場からインターネットが利用できることを確認します。

- **機密情報を扱うパソコンとサーバ間で通信できることの確認**
- **機密情報を扱わないパソコンから、機密情報を扱うサーバへ通信できないことの確認**

以下のように、2つのVLANでネットワークが分断されていることを確認します。

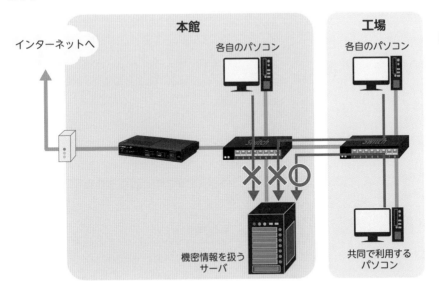

テストにおいては、第1章のP.024の「導入」で示したとおり、予想される結果を記載して、何をもってテストが成功したかを明確にしておいてください。また、システムテストは、要件を満たしていることの確認です。このため、上記例のように通信できないことの確認も忘れないようにする必要があります。

✏️ **まとめ**

▶ テストには単体テストとシステムテストがある

▶ テストは何をもって成功したかを明確にしておくことが重要である

▶ テストは要件を満たしていることの確認である

▶ テストは通信できることを確認するだけでなく通信できないことも確認する必要がある

第2章では、LANスイッチにネットギア製GS108T、無線LANにエレコム製品、インターネット接続ルータにヤマハ製NVR510を採用し、設定方法を説明しました。

　このうちLANスイッチと無線LANに関しては、メーカや機種が変わっても設定する内容はあまり変わりません。VLANであれば、VLANを作成してポートに割り当てるのは、どのメーカや機種でも同じです。これは、Webブラウザで設定するスマートスイッチに限らず、コマンドでも同じです。

　以下は、シスコシステムズのCatalystというLANスイッチのコマンドです。

```
Switch（config）# vlan 10
Switch（config-vlan）# name public
Switch（config-vlan）# exit
Switch（config）# interface range gigabitethernet0/2 - 7
Switch（config-if-range）# switchport access vlan 10
Switch（config-if-range）# exit
```

　vlanコマンドでVLAN:10を作成し、nameで名前を付けています。interfaceコマンドでポートを指定し、switchportコマンドでVLAN:10を割り当てています。これで、ポートVLANとしてポート番号2〜7にVLAN:10が割り当てられます。

　このように、ある程度意味を理解しておけば、メーカや機種が変わっても何を設定しなければいけないかわかると思います。

　逆に、インターネット接続ルータの場合は、コマンドで設定しようとすると専門的な知識が必要となります。その点、ヤマハ製品のルータはWebブラウザから数項目設定するだけで、設定が完了できます。同じヤマハ製品のルータであれば、NVR700WやRTX830、RTX1210でも設定方法はほとんど同じです。

　インターネット接続ルータは、LANスイッチや無線APよりハードルが高いため、機種選定時は設定の簡単さも選択肢の1つとなります。

　また、無線APも多人数で使う法人向けの機種では、事前共有キーだけでなくユーザ名とパスワードなどでも認証が可能です。これを実現するには、WPA2-EAPなどで多数の無線APからの通信を同じサーバが認証できるようにします。本格的な無線LANを導入するときは検討も必要ですが、数名が利用する無線LANを構築するにはハードルが高いと思います。どちらにするかは、要件に合わせて検討が必要です。

3章

ネットワークの
高度化

第2章では、小さなネットワーク構築を目的と
して、必要な技術の説明と構築例を示しまし
た。ネットワークにはこのほかにもさまざまな
技術があります。本章では、さまざまな要件に
対応できるようネットワークの高度化について
説明します。

14 IPアドレス関連の基礎技術と設定

手紙を届けるときは、相手先の住所を書く必要があります。通信も同じで、届けるためには相手先のアドレスを指定する必要があります。ここでは、IPアドレス関連の基礎技術と設定方法について説明します。

● IPアドレス

IPアドレスは、通信する際に使われる住所の役割をしています。IPアドレスは、192.168.100.3などと表記され、各「.」（ドット）で区切られた数字は、0〜255までが使えます。手紙に住所を書くとその住所まで手紙が届くように、宛先として192.168.100.3を指定すると、対象機器と通信できるというわけです。

■ IPアドレスで通信先が決まる

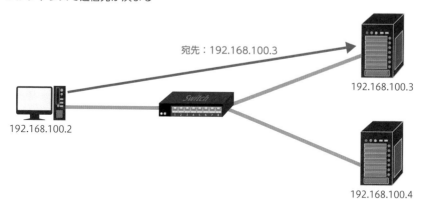

サーバ側では、自分のIPアドレス宛ての通信が届けば受信します。自分のIPアドレス宛てでない場合は、受信しません。

IPアドレスは、通信の一部に含まれていて、データと一緒に送信するしくみになっています。

次ページの図は、通信の一部を簡略化して示したものです。

■ パケットの簡略図 (サーバへ)

データ	宛先 IP アドレス (192.168.1.3)	送信元 IP アドレス (192.168.1.2)	→

これを**パケット**と呼びます。パケットには、**宛先IPアドレスと共に送信元IPアドレスも含まれている**ことがわかると思います。パケットを受信したサーバは、この送信元IPアドレスを宛先にして応答 (戻り) パケットを送信します。

■ パケットの簡略図 (パソコンへの応答)

←	送信元 IP アドレス (192.168.1.3)	宛先 IP アドレス (192.168.1.2)	データ

また、IPアドレスの使い方には決まりがあります。インターネットで使えるIPアドレスを**グローバルアドレス**、イントラネットで使えるIPアドレスを**プライベートアドレス**と呼びます。以下は、それぞれで使えるIPアドレスの範囲です。

■ グローバルアドレスとプライベートアドレスの範囲

区分	IPアドレスの範囲
グローバルアドレス	0.0.0.0 〜 223.255.255.255 ※プライベートアドレス範囲を除く
プライベートアドレス	10.0.0.0 〜 10.255.255.255
	172.16.0.0 〜 172.31.255.255
	192.168.0.0 〜 192.168.255.255

IPアドレスは住所の役目をするため、グローバルアドレスはインターネットの中で重複しないように管理されており、一意になっています。プライベートアドレスは、インターネットでは使わないため自由に設定できますが、通信する範囲では重複しないように割り当てる必要があります。

● DHCP

IPアドレスは、パソコンやサーバに手動で設定することもできますが、自動で割り当てることもできます。自動で割り当てる方法を **DHCP**（Dynamic Host Configuration Protocol）と言います。以下は、DHCPのしくみです。

■ DHCPのしくみ

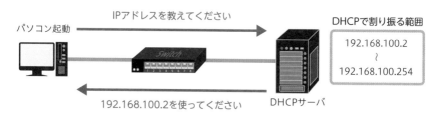

パソコンは、起動するとすぐに使えるIPアドレスを問い合わせします。DHCPサーバは、IPアドレスを割り振る範囲を管理していて、空いているIPアドレスを応答します。これによって、重複しないIPアドレスを自動で割り振れるようになっています。

自動で割り振られたIPアドレスには、使える期限があります。このため、次にパソコンを起動すると、異なるIPアドレスが割り振られる可能性があります。

IPアドレスが変わるのは、パソコンであればとくに問題はありませんが、サーバなどでは問題が出てきます。IPアドレスは宛先として使われるため、IPアドレスが変わると通信できなくなるためです。住所が変わってしまって、手紙が届かなくなるのと同じです。つまり、サーバには手動でIPアドレスを割り当てることが一般的です。

このため、DHCPで割り振る範囲にはサーバなどで使うIPアドレスは含めないようにする必要があります。以下は、その例です。

・サーバで使うIPアドレス：192.168.1.253 と 192.168.1.254
・DHCPで割り振る範囲　：192.168.1.2 〜 192.168.1.252

◯ NAT

イントラネットとインターネットの間で通信する際は、プライベートアドレスとグローバルアドレスの間で変換が行われます。これを、**NAT**（Network Address Translation）と呼びます。

たとえば、送信時は以下のように変換されます。

■ NATのしくみ（送信時）

サーバへの通信で、送信元がプライベートアドレスの192.168.100.2からグローバルアドレスの203.0.113.1へ変換されています。グローバルアドレスに変換しないと、インターネットでは通信できないためです。宛先は、最初からグローバルアドレスの203.0.113.2が使われるため、変換されません。

応答時は、以下のように変換されます。

■ NATのしくみ（応答時）

サーバでは、送信元がNATで変換されたあとの203.0.113.1と認識しています。このため、応答パケットを203.0.113.1宛てに送信しますが、NATによってプライベートアドレスの192.168.100.2へ変換されています。

3

ネットワークの高度化

◉ IPアドレス関連の設定

実は、第2章でNVR510のインターネット接続設定をした際、すでにIPアドレスやDHCP、NATについては設定が完了しています。NVR510は、デフォルトで以下が設定されています。

■ NVR510のIPアドレス関連デフォルト設定

項目	設定値
インターネット側ポート	ISPから割り振られたグローバルアドレス
イントラネット側ポート	192.168.100.1
DHCP割り当て範囲	192.168.100.2 ～ 192.168.100.191
NAT	有効

つまり、パソコンには192.168.100.2～192.168.100.191の間でIPアドレスが割り振られ、NATを利用してインターネット上のサーバと通信できるようになっています。

イントラネット側ポートのIPアドレスと、DHCP割り当て範囲は変更することができます。変更は、「かんたん設定」→「基本設定」→「LANアドレス」の順に選択して行います❶～❸。

■ NVR510の「LANアドレス」画面

「設定」をクリックすると、次ページの画面が表示されます。

■ NVR510の「IPv4アドレスの設定」画面

「IPv4アドレス」の右に、ＩＰアドレスを入力します❶。その下のチェックは、変更したIPアドレスに合わせてDHCPの割り当て範囲を自動で変更するためのものです。デフォルトでチェックが入っているため、そのままにします。

「次へ」をクリックすると❷、確認画面が表示されるので、「設定の確定」をクリックすると完了です。

NVR510のIPアドレスを変更した場合は、パソコンからの通信が切断されます。このため、変更したIPアドレスと通信できるようにパソコンを再起動して、DHCPにより再度IPアドレスを取得する必要があります。

上図のとおりに192.168.200.1を設定すると、192.168.200.2〜192.168.200.191の間がパソコンにDHCPで割り当てられる範囲となります。また、192.168.200.192〜192.168.200.254までは空いているため、サーバなどで使うことができます。

まとめ

▸ **IPアドレスにはインターネットで使えるグローバルアドレスとイントラネットで使うプライベートアドレスがある**

▸ **グローバルアドレスとプライベートアドレスの間はNATにより変換されて通信できるようになる**

▸ **パソコンのIPアドレスはDHCPを利用すると自動設定が可能になる**

3

ネットワークの高度化

15 DNS

Webブラウザでは、www.example.comなどの文字列を使って接続先を指定すると思います。この文字列は、実際にはIPアドレスに変換されて通信しています。ここでは、DNS（Domain Name System）について説明します。

● インターネットのDNS

Webブラウザのアドレス欄で指定するwww.example.comなどは、**FQDN**（Fully Qualified Domain Name）と呼ばれます。FQDNは、「ホスト名.ドメイン名」で表記されます。wwwがホスト名、example.comがドメイン名です。

ドメイン名は組織や個人で取得できて、世界で一意です。ホスト名は、ドメインの中で装置などを識別する名前なので、そのドメインの中で一意となります。つまり、FQDNを指定することで通信先が一意に決定します。

■ FQDNで通信先が一意に決まる

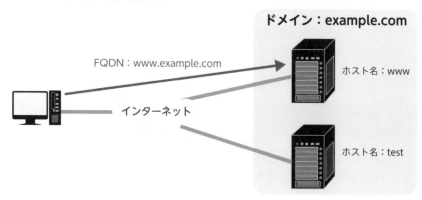

パケットには、宛先として住所の役目をするIPアドレスが必須です。このため、Webブラウザなどで指定したFQDNをIPアドレスに変換しないと、通信ができません。この変換するしくみを、**DNS**と呼びます。

DNSは階層構造になっていて、順番にDNSサーバへ問い合わせを行います。

■ DNSのしくみ

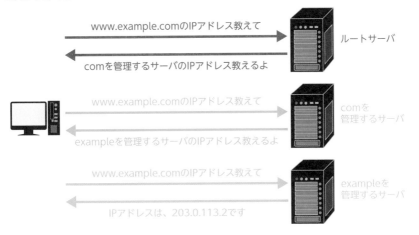

　最初はルートサーバに問い合わせを行い、次々に下の階層を管理している
サーバのIPアドレスを教えてもらって、www.example.comのIPアドレスがわ
かるしくみです。ルートサーバのIPアドレスは、事前に問い合わせを行う機
器に登録されています。

　第2章で構築したネットワークでは、この問い合わせを代理でNVR510が行っ
てくれます。パソコンは、NVR510から回答してもらうだけです。

■ NVR510が代理で問い合わせを行う

　NVR510は、いったん入手したFQDNとIPアドレスの情報は、しばらく覚え
ています。もし同じ問い合わせがパソコンからあると、インターネットに問い
合わせすることなくすぐに回答できます。これを、**DNSキャッシュ**と呼びます。

　DNSキャッシュサーバのIPアドレスは、DHCPが有効になっていると自動
で設定されます。つまり、デフォルトの状態であれば、192.168.100.1に問い
合わせるように自動で構成されることになります。

● イントラネットのDNS

イントラネット内でWebサーバを利用する場合は、**組織内で使うDNSサーバを構築する**必要があります。たとえば、Windows ServerなどがDNSサーバになります。

■ 社内のDNSサーバ

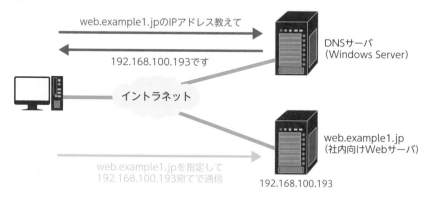

この場合、DNSサーバを別途構築する必要がありますが、NVR510では簡易的に代替することができます。設定は、「管理」→「保守」→「コマンドの実行」の順に選択して行います。

コマンドの実行で、以下のコマンドを入力します。

```
ip host web.example1.jp 192.168.100.193
```

入力後は、「実行」をクリックするとコマンドが有効になります。設定内容も自動で保存されます。

これで、Webブラウザのアドレス欄にweb.example1.jpと入力すると、DNSを利用してNVR510が192.168.100.193を応答し、社内向けWebサーバと通信できるようになります。

なお、WebブラウザでIPアドレスを直接指定しても通信は可能です。このため、サーバが少ないときは社内の通信でDNSを利用しない選択肢もあります。

◉ DMZのDNS

Webサーバを社外に公開する場合、インターネットから通信できるように**DNSサーバを構成する**必要があります。

■ DMZのDNSサーバ

ISPとの契約では、Webサーバのグローバルアドレスを固定で割り当ててもらう必要があります。また、DNSは階層構造なので、構築したDNSサーバを上位のDNSサーバ（jpなどを管理）などに登録してもらう必要もあります。

なお、DNSサーバは、インターネット側からの問い合わせを代理で応答（DNSキャッシュサーバとして動作）しないようにしてください。悪意ある攻撃者が送信元を偽り、他者を攻撃する踏み台にされる可能性があります。

■ DNS サーバを踏み台にした攻撃

まとめ

> ▶ **FQDNからIPアドレスに変換するしくみをDNSと言う**

16 | PoE

無線APは電源に接続して動作しますが、近くに電源がないことがあります。このようなとき、ツイストペアケーブルから電力を供給することができます。ここでは、PoE（Power over Ethernet）について説明します。

● PoEとは

PoEとは、ツイストペアケーブルを使って電力を供給するしくみです。PoEを使わないと、LANスイッチに接続する機器が多い場合、電源コンセントが多数必要になります。また、機器の設置場所に電源コンセントがない場合もあります。PoEを利用すると、**ツイストペアケーブルを接続するだけで、電力が供給**できます。

■ PoEのしくみ

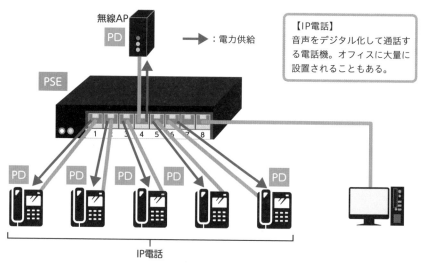

ツイストペアケーブルは通信の送受信を行いますが、PoEでは電力の供給と同時に行うことが可能です。PoEにより電力を供給する側を**PSE**（Power

Sourcing Equipment)、受電する側を**PD**（Powered Device）と言います。PSEは、PDを検知すると自動で電力を供給し始めます。パソコンなど、PDと認識しなかった場合は供給しません。

　PoEは、IEEE 802.3afで規定されていて、1ポートにつき最大15.4Wを供給できます。また、最大30Wまで供給できるIEEE 802.3at（PoE+）や90Wまで供給できるIEEE 802.3bt（PoE++）も規定されています。

　PSEは、PDが接続されたときに電流を測定するなどして、PDが利用する電力を分類します。この分類は、クラスと呼ばれます。

■ クラスと供給電力

クラス	PSE最大供給電力	PD最大消費電力
0	15.4W	12.95W
1	4W	3.84W
2	7W	6.49W
3	15.4W	12.95W
4	30W	25.5W
5	45W	40W
6	60W	51W
7	75W	62W
8	90W	73W

　たとえば、クラス1はPSEから最大4Wが供給され、PD側で利用できるのは最大3.84Wです。供給に対して利用できる電力が小さいのは、ケーブル上で減衰と呼ばれる電力ロスがあるためです。また、PSEには電源装置があり、最大供給電力が決まっています。このため、供給できる合計電力は、40Wなどの上限があります。供給している電力の合計が上限を超えた場合は、設定している優先度に従って供給されなくなります。

　なお、PoEに対応しているLANスイッチであれば、通常デフォルトでPoEが有効になっているため、複雑な要件がなければ設定せずに使えます。

⦿ スケジュールの設定

PoE をスケジューリングできる LAN スイッチもあります。たとえば、7:30 〜24:00までは電力供給を行い、24:00になると供給を停止するようにできます。24:00〜翌日7:30までは電力を消費しないため、電気代の節約になります。

ネットギア製 GS110TP を例に、設定を説明します。

設定は、「システム」→「タイマースケジュール」→「拡張」→「グローバル設定」で行います❶〜❹。

■ GS110TP の「タイマースケジュール名」画面

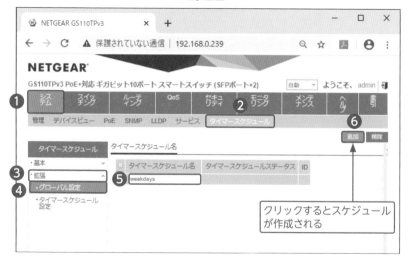

「タイマースケジュール名」でスケジュールの名前を入力します❺。「追加」をクリックすると❻、スケジュールが作成されます。その内容は、「タイマースケジュール設定」で設定します。

■ GS110TPの「タイマースケジュール設定」画面

「タイマースケジュール設定」をクリックし❶、「タイマースケジュール名」で作成したスケジュールを選択後、「タイマースケジュールタイプ」を「絶対」と「定期的」から選択します❷。「追加」をクリックすると❸、設定が反映されます。

「タイマースケジュールタイプ」の「絶対」では、開始時刻や終了時刻などが設定できて、1回だけ動作します。「定期的」を選択すると、以下の内容を設定して定期的に動作させることができます❹。

■ GS110TPのスケジュール設定内容

項目	説明
開始時間	供給を停止する時間
終了時間	供給を開始する時間
開始日	タイマー開始日
終了日	タイマー終了日（省略すると無期限）
繰り返しパターン	タイマーが動作する間隔（毎日、週単位など）
毎日モード	繰り返しパターンによって変化

「毎日モード」は、月曜～金曜日の平日などが設定できますが、「繰り返しパターン」で選択した内容に合わせて変わり、週1日なども設定できます。

作成したスケジュールをポートに割り当てるには、「PoE」→「拡張」→「PoEポート設定」で行います❶～❸。

■ GS110TPの「PoEポート設定」画面

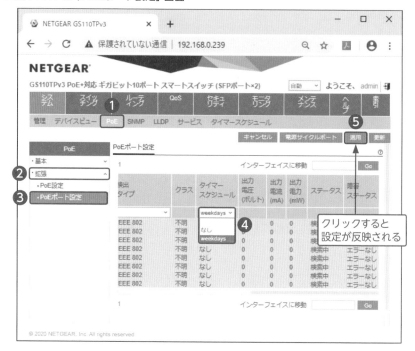

上記は、右にスライドしたあとの画面です。画面左でポートを選択したら、「タイマースケジュール」で作成したスケジュールを選択します❹。「適用」をクリックすると❺、選択したポートだけスケジュールが有効になります。

○ PoE関連製品

　LANスイッチがPoEに対応していなくても、PoEで電力を供給できる装置があります。これを、**PoEインジェクター**と呼びます。

■ PoEインジェクター

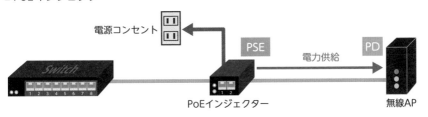

　無線APなどは、PoEからだけ受電できるタイプのものもあります。このとき、LANスイッチがPoEに対応していない場合は、PoEインジェクターが必須です。

　また、LANスイッチのポートを使わずにPDを増やすこともできます。これを、**PoEパススルー**と言います。

■ PoEパススルー

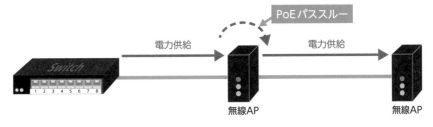

まとめ

▶ **PoEでツイストペアケーブルから電力を供給できる**

▶ **PoEインジェクターやPoEパススルーなどを使っても電力を供給できる**

17 UPS

LANスイッチ、無線APなどのネットワーク機器は、電力が供給されなくなると停止してしまうため、通信が途切れます。ここでは、瞬電対策に有効なUPS（Uninterruptible Power Supply）について説明します。

● UPSとは

UPSは無停電電源装置とも言って、停電時にバッテリーから電力を供給する装置です。通常は、バッテリーも数分から数十分と長くは持たないため、瞬断対策がおもな目的になります。また、落雷があったときは電源を伝わって最悪機器が壊れてしまいますが、UPSでは落雷対策があるため機器が壊れるのを防ぐことができます。

以下は、UPSを利用した電源の接続方法です。

■ UPSの利用方法

UPSの出力コンセントは、100Vと200V対応のものがあり形状もさまざまです。接続する装置が小規模なものであれば、通常は100Vで形状は家庭でも使われる平行2ピン、またはNEMA5-15P（平行2ピンアース付）です。この場合は、UPS側がNEMA5-15R（受け側）をサポートしていれば接続できます。

■ NEMA5-15R

NEMA5-15Rであれば、
平行2ピンも接続可能。

● UPSの選択基準

UPSを選択するときは、出力コンセントの形状を確認するだけでなく、接続する機器の数だけコンセントが足りているか確認する必要があります。また、接続する機器を合計した消費電力がまかなえる必要もあります。それ以外にもUPSには種類があり、種類によって値段がかなり違ってきます。

■ UPSの種類

方式	説明
常時商用給電方式	通常は商用電源から給電し、停電時だけバッテリーから給電します。切り替えに時間がかかるものは、ICT機器がダウンする可能性がありますが、もっとも安価です。
ラインインタラクティブ方式	通常は商用電源から電圧を整えて給電します。多少、商用電源の電圧低下があっても対応できます。
常時インバータ給電方式	常時バッテリーから給電します。瞬電ではICT機器がダウンする可能性はありませんが、もっとも高価です。

重要なシステムであれば、常時インバータ給電方式にする必要がありますが、一般的にはラインインタラクティブ方式のUPS、電源環境がよければ常時商用給電方式のUPSで十分です。

ラインインタラクティブ方式や常時商用給電方式のUPSを選択する場合は、切り替え時間が10ms以内など短いものを選択してください。切り替え時間が長いと、機器がダウンします。

まとめ

▶ 瞬電対策にはUPSが使える

▶ UPSには常時商用給電方式、ラインインタラクティブ方式、常時インバータ給電方式があり、値段に差がある

18 ポート関連の基礎技術

LANスイッチ間をツイストペアケーブルで接続しても、通信できないことがあります。また、ポートには速度を決定する手順が決められています。ここでは、ポート関連の基礎技術について説明します。

● MDIとMDIX

ポートには、**MDI**（Medium Dependent Interface）と**MDIX**（Medium Dependent Interface Crossover）があります。パソコンやサーバはデフォルトがMDIで、LANスイッチはデフォルトがMDIXです。

ポートがMDIとMDIXの機器間は、通常のツイストペアケーブル（ストレートケーブル）で接続できますが、同じMDI間やMDIX間を接続する場合は、クロスケーブルが必要になります。

■ MDIとMDIXの違いと接続ケーブル

クロスケーブルは、見た目はストレートのツイストペアケーブルと同じですが、中の配線が異なっています。

最近は、MDIにもMDIXにもなれる装置が増えてきています。このため、装置間で自動的にMDIかMDIXかを決めます。これを、**AUTO MDIX**と言います。

AUTO MDIXをサポートしていれば、LANスイッチ間をストレートケーブルで接続しても通信可能です。

● ポートの速度と半二重／全二重

ポートは、**10BASE-T**、**100BASE-TX**、**1000BASE-T**の３つに対応したものがあります。10／100／1000BASE-T対応などと記載されています。

また、**半二重通信**（Half Duplex）と**全二重通信**（Full Duplex）というモードもあります。半二重通信は、相手の装置が送信している間は受信しかできず、相手装置の送信が終わったあとに送信を開始します。全二重通信は、双方同時に送信できます。今では、ほとんどが全二重通信です。

■ 半二重通信と全二重通信

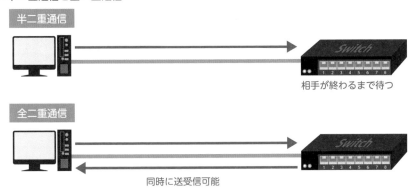

通信速度や半二重／全二重は手動で設定もできますが、デフォルトはオートネゴシエーションと言って、自動選択になっています。なるべく速度が速い順で全二重が選択されるため、10／100／1000BASE-T対応の機器間を接続すると、1Gbpsの全二重で通信できるようになります。

片方の装置を手動で設定（例：100Mbpsの全二重）すると、通信できない可能性があります。オートネゴシエーションでは双方で情報を交換して速度と半／全二重を決めるため、片方が手動だと正常に判断できないためです。つまり、接続相手が手動で設定されていた場合、オートネゴシエーションを停止してもう一方の機器も手動で設定する必要があります。

このとき、１つ留意点があります。AUTO MDIXはオートネゴシエーションが無効になると、利用できません。このため、LANスイッチ間などはストレートケーブルではなく、クロスケーブルで接続しなければならなくなります。

● ポートの速度と半二重／全二重の設定

ポートの速度と半二重／全二重の設定について、ネットギア製GS108Tを例に説明します。

設定は、「スイッチング」→「ポート」→「ポート設定」で行います❶〜❸。

■ GS108Tの「ポート設定」画面

上記は、右にスライドしたあとの画面です。画面左でg1やg2など、設定したいポートにチェックを入れます。一番上の所にチェックを入れると、すべてのポートが選択された状態になります。一度にすべてのポートを設定したいときに選択します。

設定内容は、次ページのとおりです❹。

■「ポート設定」画面での設定内容

設定	説明
オートネゴシエーション	有効と無効から選択します。デフォルトは有効です。
速度	10、100、1000、Auto から入力します。 デフォルトは、Auto です。
デュプレックスモード	Half（半二重）、Full（全二重）、自動から選択します。 デフォルトは、自動です。

　速度で10を選択した場合は10Mbps、100を選択した場合は100Mbps、1000を選択した場合は1Gbpsになります。カンマ「,」で区切って複数指定することもできます。

　速度のAutoとデュプレックスモードの自動は、オートネゴシエーションが有効のときしか選択できません。

　なお、半二重通信は双方同時に送信できないため、全二重のときと比較すると通信がかなり遅くなります。10BASE-Tは、もともと半二重通信が主体でした。このため、10Mbpsでは半二重を選択することはあり得ます。100Mbps以上は全二重が主体のため、半二重を選択する必要はほとんどありません。

　また、この画面左には「説明」欄があってポートの説明が設定できます。たとえば、接続先の機種やホスト名などを設定しておくと、あとで接続している装置の確認が簡単になります。

　設定を終えて「適用」をクリックすると❺、設定が反映されます。

まとめ

- ▶ ポートにはMDIとMDIXがある

- ▶ MDI間やMDIX間はクロスケーブルを使う

- ▶ 速度や全二重／半二重は手動で設定もできるが通常はデフォルトのオートネゴシエーションを使い自動設定にする

- ▶ オートネゴシエーションを停止するとAUTO MDIXも利用できなくなる

19 MACアドレスとフレーム

通信は、宛先としてIPアドレスを利用すると説明しました。しかし、もう1つのアドレスも使っています。ここでは、MACアドレス(Media Access Control address)やフレームなどについて説明します。

● MACアドレスとARP

　宛先にはIPアドレスを利用すると説明しましたが、実際には**MACアドレス**も使われています。MACアドレスは、設定で変更するものではなく、装置に最初から割り当てられている世界で一意の番号です。MACアドレスは、11:FF:11:FF:11:FFなど16進数で表記されます。

■ MACアドレスを使った通信

　この宛先は、IPアドレスを指定すると自動で取得されます。これを、**ARP（Address Resolution Protocol）**と呼びます。

■ ARPのしくみ

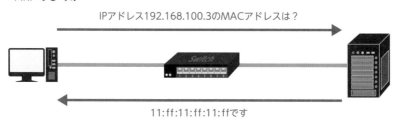

● フレーム

P.094の「IPアドレス関連の基礎技術と設定」では、パケットを説明しましたが、MACアドレスも含めて示すと以下のようになります。

■ フレームの簡略図

データ	宛先 IP アドレス (192.168.100.3)	送信元 IP アドレス (192.168.1.2)	送信元 MAC アドレス (ff:11:ff:11:ff:11)	宛先 MAC アドレス (11:ff:11:ff:11:ff)

これを、**フレーム**と呼びます。実際の通信は、フレーム単位で行われます。フレームの宛先MACアドレスは近隣の装置と通信するために使われますが、インターネットなどの先にあるサーバの宛先としては使えません。

■ MACアドレスでの通信範囲とIPアドレスでの通信範囲

IPアドレスは、インターネットの先にあるサーバの宛先としても使えます。つまり、同じアドレスでも役割が違うということです。

● MACアドレステーブル

MACアドレスでの通信は、LANスイッチをまたがった通信も可能です。LANスイッチは、MACアドレスを見て転送するポートを決定しています。

■ LANスイッチはMACアドレスを見て転送するポートを決める

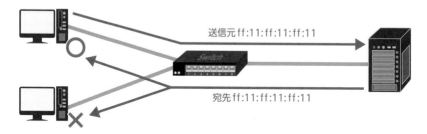

ポート番号1から送信されたフレームの送信元MACアドレスを覚えておいて、その宛先のフレームがあるとポート番号1にだけ転送します。このようにすると、余計なポートまでフレームを転送しなくて済みます。

LANスイッチは、ポート番号とMACアドレスを対にして何個も覚えておくことができます。この覚えておくテーブルを、**MACアドレステーブル**と言います。

MACアドレステーブルは、送信元MACアドレスを覚えておくという点がポイントです。このため、片方向にフレームを送信し続けても、1つのポートだけ転送するといったかたちにはなりません。

■ MACアドレステーブルに登録されないパターン

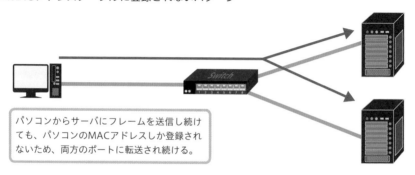

パソコンからサーバにフレームを送信し続けても、パソコンのMACアドレスしか登録されないため、両方のポートに転送され続ける。

● MACアドレステーブルの確認

ネットギア製品のGS108Tを例に、MACアドレステーブルの確認方法を説明します。

MACアドレステーブルは、「スイッチング」→「アドレステーブル」→「基本」→「アドレステーブル」で確認できます❶〜❹。

■ GS108Tの「MACアドレステーブル」画面

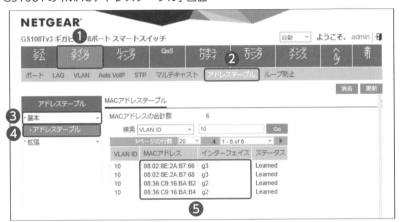

MACアドレスとポート番号が対になって、表示されているのがわかります❺。このテーブルにあるMACアドレス宛てのフレームを受信したときは、該当するポートにだけ転送されます。

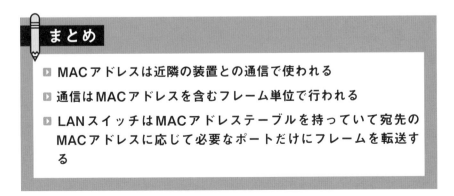

まとめ

- ◪ MACアドレスは近隣の装置との通信で使われる
- ◪ 通信はMACアドレスを含むフレーム単位で行われる
- ◪ LANスイッチはMACアドレステーブルを持っていて宛先のMACアドレスに応じて必要なポートだけにフレームを転送する

20 ルーティングの基礎技術

IPアドレスは、手紙における住所のような役割をすると説明しました。その住所までの道のりは、どのようにして決定しているのでしょうか？　ここでは、ルーティングの基礎技術について説明します。

⚫ ルータ

ルーティングは、宛先のIPアドレスまでパケットを届ける役目をしています。たとえば、インターネット上のWebサーバと通信するまでに多くの装置を経由しますが、ルーティングによって迷わず最終目的地まで到着できるようになっています。

■ ルーティングの動作

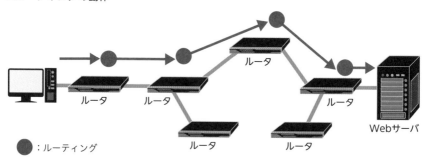

⚫：ルーティング

ルーティングを行う装置を、**ルータ**と言います。ルータがWebサーバまでの経路（道のり）を覚えておいて、パケットが来たらルーティングするというのを繰り返し、Webサーバまで届くというしくみです。

インターネットのように、世界中に張り巡らされたネットワークにおいても、ルータは経路を知っていてルーティングができるため、通信が成り立っています。

● スタティックルーティング

ルータは経路を覚えておくと説明しましたが、この方法には2通りあります。**スタティックルーティング**と**ダイナミックルーティング**です。

スタティックルーティングは、ルータ1台1台に通信先への経路を登録します。

■ スタティックルーティングのしくみ

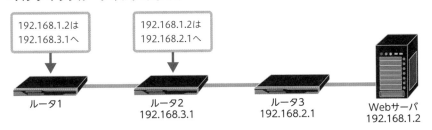

各ルータは、最終的な宛先となる192.168.1.2へ届けるための経路として、次のルータのIPアドレス（ゲートウェイ、またはネクストホップアドレスと呼ばれます）を設定します。この経路は、複数の宛先を設定できるため、宛先とゲートウェイのIPアドレスをセットにして覚えており、**ルーティングテーブル**と呼ばれます。

図中のルータ3は、Webサーバが直接接続されているため、192.168.1.2宛てのスタティックルーティングは設定不要です。直結している場合は、自動でルーティングテーブルに反映されるためです。しかし、Webサーバから戻りの通信をルーティングするためには、ゲートウェイとしてルータ2を指定したスタティックルーティングの設定は必要です。つまり、スタティックルーティングでは、行きと返りの両方で経路を設定する必要があります。

スタティックルーティングは、しくみが簡単なため小規模なネットワークでの採用に向いています。ただし、経路を1つ1つ設定する必要があるため、規模が少しでも大きくなると設定が大変です。また、運用を開始したあとで経路が増えると、その経路が関係するすべてのルータで設定を変更する必要があります。

● ダイナミックルーティング

ダイナミックルーティングは、自動で経路を教え合うしくみです。

■ ダイナミックルーティングのしくみ

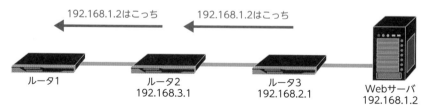

経路を1つ1つ設定する必要がないため、大規模なネットワークでも対応できます。もし、運用を開始したあとに経路が増えた場合でも、途中のルータには自動でルーティングテーブルに反映され、通信可能になります。

イントラネットでダイナミックルーティングを行うためには、**RIP**（Routing Information Protocol）、または **OSPF**（Open Shortest Path First）を利用します。

■ RIP と OSPF の概要

区分	説明
RIP	複雑な設定をしなくても動作します。小規模なネットワーク向きです。
OSPF	概念を理解して設定する必要がありますが、比較的大規模なネットワークにも対応できます。

RIPは、経路情報とともにホップ数という経由したルータの数も情報に含めて送信します。ホップ数の最大値は15です。最大値を設けることで、経路が永遠にループしないようにしているのですが、このため大きなネットワークには対応できません。

● デフォルトゲートウェイとデフォルトルート

パソコンやサーバでは、ルーティングはルータにまかせます。このまかせる最初のルータを、**デフォルトゲートウェイ**と言います。

■ デフォルトゲートウェイ

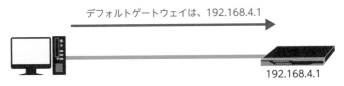

デフォルトゲートウェイは、192.168.4.1

192.168.4.1

　デフォルトゲートウェイまで届けば、あとはルータがルーティングしてくれます。デフォルトゲートウェイは、DHCPが有効であれば自動で設定されます。

　また、ルータにもデフォルトゲートウェイと似たしくみがあります。無数の宛先に対するゲートウェイが1つであれば、すべてのルーティングをまかせることができます。これを、**デフォルトルート**と言います。

■ デフォルトルート

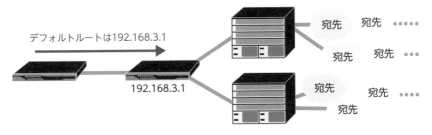

デフォルトルートは192.168.3.1

192.168.3.1

宛先　宛先　•••••

宛先　宛先　•••

宛先　宛先　••••

宛先

　インターネットには無数の宛先があります。このため、イントラネットからインターネットへ向けてデフォルトルートがよく使われます。

まとめ

▶ **ルーティングにはスタティックとダイナミックルーティングがある**

▶ **インターネットへの経路ではデフォルトルートを使う**

21 拠点間接続 VPN

もし、ほかにも事務所があってデータのやり取りをしたいときは、インターネットを利用することができます。しかし、そのままデータを流すと傍受されたり改ざんされたりする危険があります。ここでは、拠点間接続VPNについて説明します。

● IPsec

拠点間を、認証や暗号化を使って接続するための技術に**IPsec**があります。IPsecも事前共有キーを使って、認証と暗号化を行います。

■ IPsecによる拠点間接続VPN

インターネット接続ルータ間で認証と暗号化を使ってセキュリティを確保し、イントラネット内では暗号化を解いて（復号）、拠点間のパソコンやサーバが通信できるようにします。リモートアクセスVPNと違って、パソコンやスマートフォンがVPN接続する必要はありません。

このときの留意点としては、本社と事務所のIPアドレスを同じにしないことです。IPアドレスは住所の役目をしていて、宛先で使われます。同じ宛先があると、正常に通信できなくなります。

このため、LAN側のIPアドレスは、たとえば以下のように異なるものにします。

　・本社　：192.168.100.1
　・事務所：192.168.200.1

これでIPアドレスが重複しないため、拠点間の通信が可能になります。

● メインモードとアグレッシブモード

IPsecには、2つのモードがあります。**メインモード**と**アグレッシブモード**です。

メインモードは、本社も事務所もISPから固定でIPアドレス（変わらないグローバルアドレス）を割り当てられているときに使えます。アグレッシブモードは、どちらか一方が固定で、他方が自動でIPアドレス（動的に変わるグローバルアドレス）が設定される場合に使います。

このため、少なくとも片側はISPから固定のIPアドレスを割り当ててもらう必要があります。固定か自動のIPアドレスかはISPとの契約によります。固定のIPアドレスにすると、通常は費用が若干高くなります。

■ 拠点間をIPsecで接続するときは固定のIPアドレスが必要

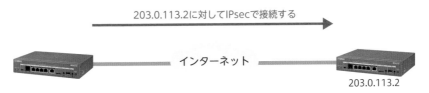

IPsecで接続するときは、上記のとおり宛先をIPアドレスで指定します。このIPアドレスが変わると、IPsecで接続できなくなります。

メインモードであれば両方が固定IPアドレスなので、どちらからでも接続を開始できます。アグレッシブモードの場合は、動的に変わるIPアドレス側からしかIPsecの接続を開始できません。ただし、どちらから接続した場合でもIPsecで接続を確立したあとは、拠点間の通信は双方向で行えます。

なお、メインモードの場合は、接続元のIPアドレスも固定なため、ファイアウォールでそのIPアドレス以外は接続を受け付けない設定ができます。つまり、セキュリティ的にはアグレッシブモードより安全です。

アグレッシブモードの場合は、本社側を固定IPアドレス、複数ある事務所は動的IPアドレスにして事務所側から接続するという設計が可能になります。つまり、事務所側を動的IPアドレスにして、価格を安くすることができます。

● メインモードによるIPsecの設定

　これまでの設定例で使ってきたNVR510は、IPsecをサポートしていません。同じヤマハ製ルータでは、NVR700W、RTX830、RTX1210などがIPsecをサポートしています。どれも設定内容は同じですが、今回はRTX830を例にIPsecの設定を説明します。

　最初は、メインモードによる設定です。設定は、「かんたん設定」→「VPN」→「拠点間接続」の順に選択して行います❶〜❸。

■ RTX830の「拠点間接続VPN」画面（新規作成）

　「新規」をクリックすると❹、以下の画面が表示されます。

■ RTX830の「接続種別の選択」画面

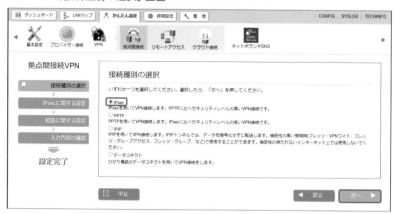

　IPsecを選択して「次へ」をクリックすると、次ページの画面が表示されます。

■ RTX830の「IPsecに関する設定」画面（メインモード）

「自分側と接続先の両方とも固定のグローバルアドレスまたはネットボランチDNSホスト名を持っている」を選択します❶。そのほかの内容は、以下のとおりです❷。

◎**自分側の設定**
・**設定名**：自由に名前が付けられますが、省略もできます。
◎**接続先の情報**
・**接続先のホスト名またはIPアドレス**：相手側のIPアドレスを入力します。
◎**接続先と合わせる設定**
・**認証鍵**：事前共有キーです。
・**認証アルゴリズム**：認証時に使うアルゴリズムです。
・**暗号アルゴリズム**：暗号で使うアルゴリズムです。

上記「接続先と合わせる設定」の認証鍵などは、リモートアクセスVPNで出てきた認証鍵などと同じです。また、接続先と同じ設定にする必要があります。
「次へ」をクリックすると❸、次ページの画面が表示されます。

■ RTX830の「経路に関する設定」画面

「接続先のLAN側のアドレス」にチェックを入れて❶、IPアドレスを入力します❷。例で示した以下のように、IPアドレスを設定していたとします。

・本社　　：192.168.100.1
・事務所：192.168.200.1

この場合、本社側では192.168.200.0、事務所側では192.168.100.0を入力します。つまり、相手の拠点に対してスタティックルーティングできるようにします。192.168.200.0などと最後の数字が0になっているのは、スタティックルーティングはサブネット単位で設定することが一般的なためです（P.145参照）。

「次へ」をクリックすると❸、確認画面が表示されるため、「設定の確定」をクリックすると完了です。完了すると、「拠点間接続VPN」画面に戻ってすぐに接続が開始されます。相手側の設定も終わって、以下のように接続状態が緑の矢印で表示されれば、正常に拠点間接続されています。

■ RTX830の「拠点間接続VPN」画面（接続成功）

● アグレッシブモードによるIPsecの設定

アグレッシブモードでの設定も、途中まではメインモードと同じです。

固定IPアドレスを持っている側のRTX830では、「IPsecに関する設定」画面で「自分側のみ固定のグローバルアドレスまたはネットボランチDNSホスト名を持っている」を選択します。選択後は、以下の画面に切り替わります。

■ RTX830の「IPsecに関する設定」画面（アグレッシブモード自分固定）

メインモードのときと異なるのは、「接続先の情報」としてIPアドレスではなく、「接続先のID」を入力する点です。固定IPアドレスを持っている側の機器では接続を開始しないため、接続先のIPアドレスを設定しません。

■ アグレッシブモードでの固定IPアドレス側は接続を開始しない

その代わりに、接続しにくる装置（動的IPアドレス側）をIDで制限します。このIDは自由に設定できますが、接続先と同じIDにする必要があります。

「次へ」をクリックすると、「経路に関する設定」画面が表示されます。以後は、メインモードの設定と同じです。

また、動的IPアドレスを持っている側のRTX830では、「IPsecに関する設定」画面で「接続先のみ固定のグローバルアドレスまたはネットボランチDNSホスト名を持っている」を選択します❶。選択後は、以下の画面に切り替わります。

■ RTX830の「IPsecに関する設定」画面（アグレッシブモード相手固定）

動的IPアドレスを持つ方が接続を開始するため、「接続先の情報」としてIPアドレスを入力します❷。

また、自分側の設定で「自分側のID」も入力します❸。これは、固定IPアドレスを持つ側で設定した「接続先のID」と同じ値を設定する必要があります。以降の設定は、メインモードのときと同じです❹。

「次へ」をクリックして❺、設定が完了すると、アグレッシブモードでもすぐに接続が開始されます。正常に接続されたときは、メインモードと同じように「拠点間接続VPN」画面で接続状態が緑の矢印で表示されます。

● ネットボランチ DNS を活用した IPsec 接続

IPsec で接続するためには、少なくとも1拠点は固定の IP アドレスが必要と説明しました。しかし、両方の拠点が動的 IP アドレスを使っている場合でも、**ネットボランチ DNS** を利用すれば IPsec で接続することができます。

ネットボランチ DNS は、ヤマハが運用している **DDNS（Dynamic Domain Name System）サービス**です。DDNS は、IP アドレスが変わっても FQDN で接続できるしくみです。

■ DDNSのしくみ

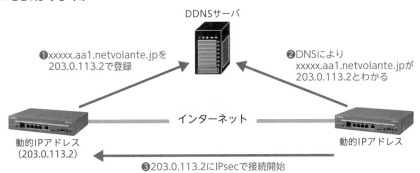

DDNSサーバ

❶xxxxx.aa1.netvolante.jpを
203.0.113.2で登録

❷DNSにより
xxxxx.aa1.netvolante.jpが
203.0.113.2とわかる

インターネット

動的IPアドレス
（203.0.113.2）

動的IPアドレス

❸203.0.113.2にIPsecで接続開始

DNS は、サーバの管理者が FQDN に対応する IP アドレスを手動で設定します。DDNS は、DNS サーバに手動で設定しなくても、上記❶のように FQDN に対する IP アドレスが装置側からの申告で自動登録できます。また、IP アドレスが変わった場合も、DDNS サーバに再度自動で登録されます。

登録された FQDN は、IPsec 設定の「接続先のホスト名または IP アドレス」で IP アドレスの代わりとして設定します。

✏ まとめ

▶ **IPsec により拠点間接続 VPN が実現できる**

▶ **IPsec にはメインモードとアグレッシブモードがある**

▶ **IPsec では固定 IP アドレスが使えることが望ましい**

22 サブネットによる ネットワークの分割

ネットワークは、IPアドレスを元に分割することもできます。分割することによって、大規模なネットワークにも対応できるようになります。ここでは、ネットワークを分割する必要性や分割の仕方などについて説明します。

● ネットワーク分割の必要性

　イントラネットに接続される機器が多くなると、通信が輻輳して（膨大になって）遅くなったり、途切れたりする可能性があります。

　たとえば、ARPはすべての機器宛て（MACアドレスがff:ff:ff:ff:ff:ff）に送信されます。これは、**ブロードキャスト**と呼ばれます。

■ ブロードキャスト

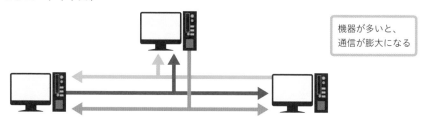

機器が多いと、通信が膨大になる

　ブロードキャストは、ルータを超えて通信はしません。このため、間にルータがあると、ブロードキャストが届く範囲を分割して通信が輻輳する可能性を少なくできます。

■ ブロードキャストはルータを超えない

● サブネット

ブロードキャストが通信する範囲をルータで分割するためには、**サブネット化**を行います。

■ サブネットのイメージ

サブネット1　　　　　　　　　　　　　　　　　　　　　　サブネット2

サブネットは、サブネット番号で表せます。たとえば、172.16.1.0や172.16.2.0などです。

ルータでは、ポートに対してIPアドレス172.16.1.1、サブネットマスク255.255.255.0といった設定をします。サブネットマスクは、サブネット番号を決めるためのものです。

IPアドレスが172.16.1.1、サブネットマスクが255.255.255.0の場合、論理積（AND）を計算するとサブネット番号は172.16.1.0となります。論理積を簡単に説明すると、サブネットマスクが255の部分はIPアドレスの数字を変えず、サブネットマスクが0の所はIPアドレスを0に変える計算です。

■ サブネット番号の計算

IPアドレス	172	16	1	1
サブネットマスク	255	255	255	0
サブネット番号	172	16	1	0

このサブネットに接続したパソコンで使えるIPアドレスは、サブネット番号が0の部分が可変で、172.16.1.0〜255の範囲です。ただし、172.16.1.0と172.16.1.255は特別なIPアドレスのため、パソコンには割り当てられません。つまり、パソコンに割り当てられるIPアドレスは、172.16.1.1〜254の範囲で、ルータなども含めて254台の機器が利用できることになります。

もう1つのポートに対してIPアドレス172.16.2.1、サブネットマスク

255.255.255.0で設定すると、サブネット番号172.16.2.0のネットワークができます。それぞれのサブネットにパソコンやサーバを接続すると、ルーティングによって通信が可能になります。

■ サブネット間のルーティング

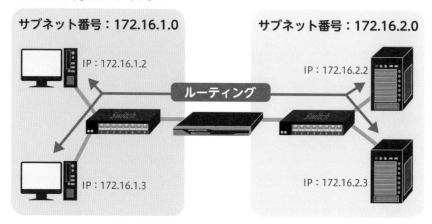

上記にはLANスイッチもありますが、LANスイッチはサブネットを分けません（ルーティングしない場合）。従って、ブロードキャストが届く範囲も分割しません。

LANスイッチが扱うのはMACアドレスで、MACアドレステーブルにより必要なポートに転送します。ブロードキャストであれば、すべてのポートに転送します。ルータが扱うのはIPアドレスで、ルーティングテーブルにより必要なポートに転送します。ルータは、ブロードキャストを転送しません。

■ LANスイッチとルータが見るテーブルの違い

● ルータを超えたときの送信元と宛先MACアドレスの変化

MACアドレスは、近隣の装置と通信するために使われると説明しました。この近隣とは、ルータを超えない範囲の通信です。このため、ルータを超えると宛先や送信元のMACアドレスが変わります。

■ルータを超えるとフレームのMACアドレスが変わる

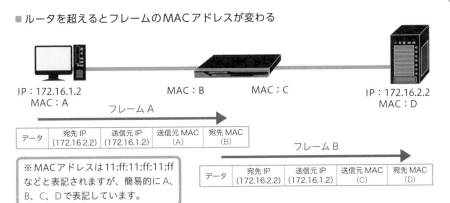

上記では、パソコンからサーバへ通信する際、フレームの送信元MACアドレスがパソコン、宛先MACアドレスがルータで送信されます（フレームA）。これは、パソコンが自身のサブネット番号と異なるサブネットへの通信と判断して、ルータ（デフォルトゲートウェイ）に送信するためです。また、ルータのMACアドレスは、ARPによって解決します。ルータからは、送信元MACアドレスがルータ、宛先MACアドレスがサーバで送信します（フレームB）。

このように、MACアドレスはルータを超えると変わりますが、送信元IPアドレスと宛先IPアドレスは変わりません（NATされる場合を除きます）。

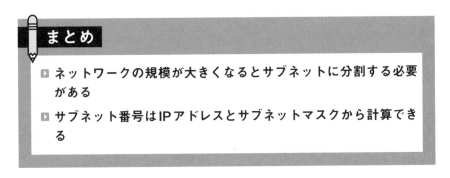

まとめ

▶ ネットワークの規模が大きくなるとサブネットに分割する必要がある

▶ サブネット番号はIPアドレスとサブネットマスクから計算できる

23 L3スイッチと VLAN間ルーティング

LANスイッチには、ルーティングできるものがあります。そのLANスイッチを利用して、イントラネットを構築することもあります。ここでは、L3スイッチとVLAN間ルーティングについて説明します。

● L3スイッチ

L3スイッチは、ルーティングできるLANスイッチです。

■ L3スイッチによるルーティング

L3スイッチ

L3スイッチは、内部でMACアドレステーブルによる転送も、ルーティングテーブルによるルーティングも行います。

■ L3スイッチのしくみ

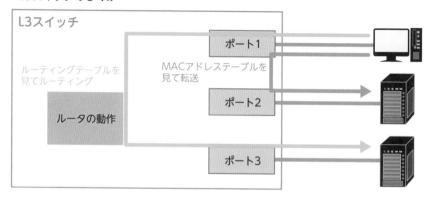

● VLAN間ルーティング

ルータは、ポートにIPアドレスを設定しますが、L3スイッチはVLANにIPアドレスを設定します。

■ L3スイッチはVLANにIPアドレスを設定する

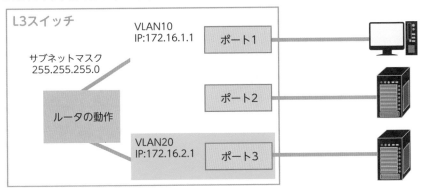

VLANは、ポートをグループ化したものと説明しました。そのVLANにIPアドレスを設定してルーティングを行うため、**VLAN間ルーティング**と呼ばれます。つまり、VLAN内の通信はMACアドレステーブルを見た転送、VLAN間はルーティングテーブルを見たルーティングを行うということです。

上記では、VLAN:10に接続されたパソコンとサーバは、サブネット番号172.16.1.0で使えるIPアドレス（172.16.1.2〜254）を設定する必要があります。VLAN:20に接続されたサーバは、サブネット番号172.16.2.0で使えるIPアドレス（172.16.2.2〜254）を設定する必要があります。

なお、ルーティングしないLANスイッチは、L3スイッチと対比させてL2スイッチとも呼ばれます。

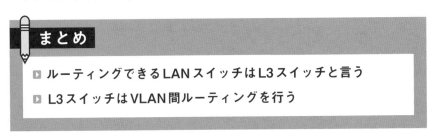

まとめ

- ▶ **ルーティングできるLANスイッチはL3スイッチと言う**
- ▶ **L3スイッチはVLAN間ルーティングを行う**

24 イントラネットにおける設計指針

ネットワークの規模が大きくなると、サブネットで分割する必要があると説明しました。では、その設計はどのようにしたらよいのでしょうか？　ここでは、イントラネットにおける設計方法について説明します。

● イントラネットではスター型が基本

イントラネットにおけるネットワーク設計の基本は、**スター型構成**です。

■ スター型構成のネットワーク

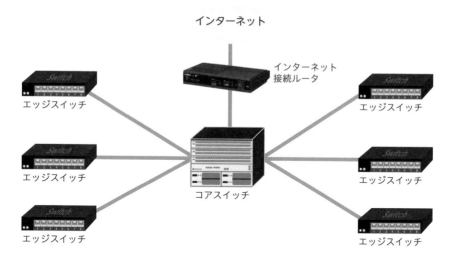

中央のLANスイッチは**コアスイッチ**と呼ばれ、L3スイッチを使います。周囲のLANスイッチは**エッジスイッチ**と呼ばれ、数が多くない場合はL2スイッチが使われます。

エッジスイッチに接続されたパソコンは、コアスイッチを経由してほかのエッジスイッチに接続された機器や、インターネット接続ルータを経由してインターネットと通信できるようになっています。

● イントラネットにおけるスイッチの配置

コアスイッチやインターネット接続ルータは、インターネットと接続できる本館などの建屋に設置されます。エッジスイッチは、建屋が別にある場合は建屋ごとに設置します。建屋間が離れている場合は、コアスイッチとエッジスイッチの間は光ファイバケーブルで接続する必要があります。

■ 建屋が複数ある場合のLANスイッチ配置

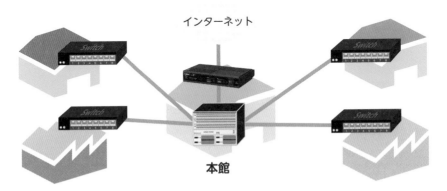

建屋に複数の階がある場合は、中継用のLANスイッチから各階のエッジスイッチに接続することがあります。

■ 複数階がある建屋のエッジスイッチ配置

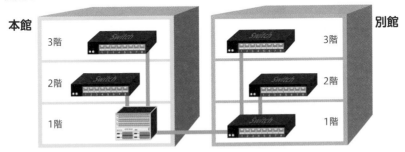

エッジスイッチ先の居室でノンインテリジェントスイッチを接続して、接続できるパソコンを増やすこともあります。このように、ツイストペアケーブルの制限長が100mであることを考慮して、LANスイッチの配置を決めます。

● イントラネットにおけるVLANの設計方法

　エッジスイッチは、たとえば部署によってVLANを分けます。また、コアスイッチとエッジスイッチ間はタグVLANを使います。そうすると、同じ部署のパソコンが複数のエッジスイッチにまたがって接続されていても、同じVLANが使えます。また、コアスイッチでVLANにIPアドレスを設定してVLAN間ルーティングを行い、部署間で通信ができるようにします。

■ スター型ネットワークにおけるVLAN設計

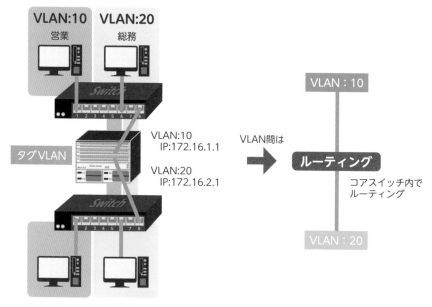

　この設計では、以下のようなメリットがあります。

① 通信させたくない部署間で通信を遮断することが簡単にできます。VLAN間では、フィルタリングという通信を遮断する設定が比較的簡単なためです。

② VLANにIPアドレスを設定しなければVLAN間ルーティングができないため、ほかのVLANと通信できない独立したネットワークができます。

③ トラブルが発生したときに、VLANがわかれば影響する部署が特定できて連絡もすぐに行え、調査も早く行えます。

◯ イントラネットにおける事業所間接続

インターネットを利用した拠点間接続VPNは、通信が安定しません。インターネットは、通信が一時的に不安定になることがあるためです。

安定した通信が必要な場合は、**IP-VPNや広域イーサネットなどのサービス**を使います。IP-VPNや広域イーサネットは、インターネットと違って他組織と通信できないようになっています。また、速度を保証するサービスもあります。

■ IP-VPNや広域イーサネットは組織内だけ通信できる

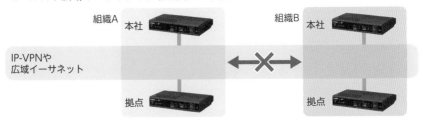

IP-VPNはダイナミックルーティングが難しいため、拠点側のサブネットが多い場合は向きません。ルーティング設定自体は簡単になることが多く、拠点が多数ある場合に向いています。

広域イーサネットはダイナミックルーティングができるため、サブネットが多い場合も対応できます。

> ✏ **まとめ**
>
> ▸ **イントラネットにおけるネットワーク設計はスター型を基本とする**
>
> ▸ **LANスイッチの配置はツイストペアケーブルの制限長が100mであることを考慮して検討する**
>
> ▸ **VLANは部署などのわかりやすい範囲で分ける**
>
> ▸ **事業所間接続用サービスとしてIP-VPNや広域イーサネットなどがある**

25 スター型ネットワークの設定

スター型ネットワークの設計方法を説明してきましたが、その設定はどのようにすればよいのでしょうか？　ここでは、スター型ネットワークを設定するうえで、ポイントとなる点を説明します。

● VLAN間ルーティングの設定

　スター型ネットワークでも、VLANの設定は同じです。とくに、エッジスイッチは第2章で説明した内容と同じなので、ここではコアスイッチにVLANを作成してポートに割り当てたあと、VLAN間ルーティングを行う設定方法について説明します。説明は、ネットギア製スマートスイッチの「GS728TP」を例に行います。

　設定は、「ルーティング」→「IP」→「IP設定」で行います❶～❸。

■ GS728TPの「IP設定」画面

「ルーティングモード」で有効を選択し❹、「適用」をクリックすると❺、VLAN間ルーティングが有効になります。

次は、VLANにIPアドレスを設定します。設定は、「VLAN」→「VLANルーティング設定」で行います❶〜❷。

■ GS728TPの「VLANルーティング設定」画面

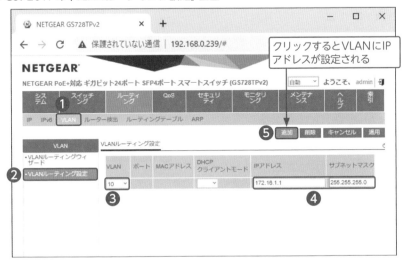

設定するVLANを選択し❸、IPアドレスとサブネットマスクを入力し❹、「追加」をクリックすると❺、VLANにIPアドレスが設定されます。この画面の例では、VLAN:10を選択してIPアドレス172.16.1.1、サブネットマスク255.255.255.0を入力しているため、172.16.1.0のサブネットが作られます。

また、VLAN:20に対しても同様に設定すると、VLAN:10とVLAN:20の間でVLAN間ルーティングができるようになります。

設定した内容は、画面下に追加されていきます。設定したIPアドレスは、パソコンのWebブラウザからGS728TPに接続するときにも使えます。

● デフォルトルートの設定

コアスイッチからインターネット接続ルータへの通信は、デフォルトルートの設定が必要です。設定は、「ルーティング」→「ルーティングテーブル」→「ルート設定」で行います❶～❸。

■ GS728TPの「ルート設定」画面

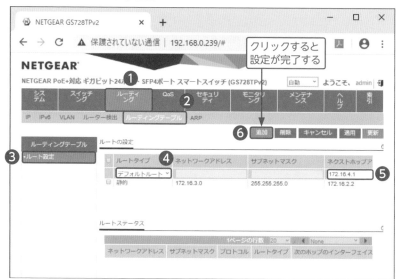

「ルートタイプ」でデフォルトルートを選択し❹、「ネクストホップアドレス」でインターネット接続ルータのIPアドレスを入力して❺、「追加」をクリックすると❻、設定完了です。

なお、その下に172.16.3.0への経路が表示されています。これは、172.16.3.0のサブネットへは172.16.2.2へ転送することを示しています。このように、「ルートタイプ」で静的を選択して、デフォルトルート以外のスタティックルーティング設定も行えます。

● インターネット接続ルータのスタティックルーティング設定

デフォルトルートによってインターネットへの経路は確保しましたが、戻りの経路も必要です。

■ インターネットから戻りの経路が必要

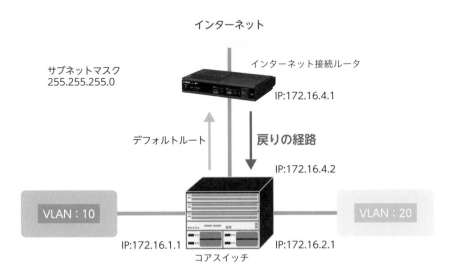

このため、インターネット接続ルータで各サブネットへスタティックルーティングを設定します。

スタティックルーティングについては、各IPアドレスへの経路を設定すると説明しましたが、実は**サブネット単位**で設定することが一般的です。サブネットへの経路で設定すれば、そのサブネットに含まれるIPアドレスに対しては、すべて同じ経路が使えます。つまり、1台1台設定する必要がありません。このため、上の図で言えば、以下のスタティックルーティングを設定します。

■ サブネット単位に設定するスタティックルーティング

サブネット番号	サブネットマスク	ゲートウェイアドレス
172.16.1.0	255.255.255.0	172.16.4.2
172.16.2.0	255.255.255.0	172.16.4.2

このように、VLAN:10とVLAN:20それぞれに対するサブネット番号とサブ
ネットマスク、ゲートウェイアドレスを設定する必要があります。

　NVR510を例にすると、「詳細設定」→「ルーティング」でスタティックルー
ティングの設定が行えます❶～❷。

　「静的ルーティングの一覧」下にある「新規」をクリックすると、以下の画面
が表示されます。

■NVR510の「ルーティング」画面

　「宛先ネットワーク」でネットワークアドレスを選択して、サブネット番号
とサブネットマスクを入力・選択します❸。ゲートウェイ1ではIPアドレスを
選択し、ゲートウェイのIPアドレスを入力します❹。「確認」をクリックする
と❺、確認画面が表示されるので、「設定の確定」をクリックします。正常に設
定されていれば、「静的ルーティングの一覧」画面にスタティックルーティング
が追加されます。

　なお、上の図はVLAN:10に対してのスタティックルーティングを設定して
いますが、VLAN:20に対しても同様に設定が必要です。

　また、「宛先ネットワーク」でデフォルトを選択するとデフォルトルートを設
定できますが、インターネットの接続設定をしていればインターネット側に設
定されているため、通常は設定変更する必要はありません。

● パソコンの設定

　イントラネットでサブネット化した場合、パソコンのIPアドレスがDHCP で取得できない可能性があります（詳細は第7章「参考情報」のP.249「DHCP リレーエージェント」を参照してください）。そのときは、手動で設定する必要があります。設定方法は、第2章「LANスイッチ」のP.044「設定のための LANスイッチへのログイン方法」と同じです。

■ Windows 10 の「IP設定の編集」画面

```
IP 設定の編集

 手動                              ⌄

 IPv4

 ●──○  オン

 IP アドレス
 172.16.1.2

 サブネット プレフィックスの長さ
 24

 ゲートウェイ
 172.16.1.1

 優先 DNS
 172.16.4.1

 代替 DNS


 IPv6
      保存            キャンセル
```

　上記画面で、「IPアドレス」はVLANで割り当て可能なIPアドレスの中から、 ほかの機器と重複しないように設定します。

　「サブネット プレフィックスの長さ」とは、サブネットマスクと同じ意味です。たとえば、Windows 10の電卓でプログラマーを選択したあと、255と入力すると2進数では1111 1111と計算されます。

■ Windows 10の電卓でプログラマーを選択して255と入力

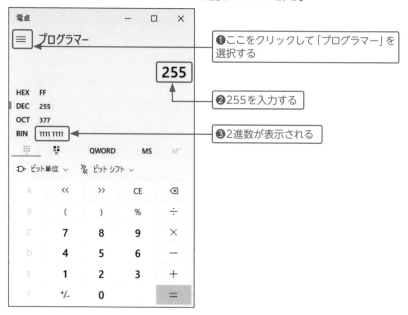

❶ここをクリックして「プログラマー」を選択する

❷255を入力する

❸2進数が表示される

　つまり、10進数の255は2進数では8桁すべてが1になるということです。10進数の0は、2進数でも0です。このため、サブネットマスクの255.255.255.0を2進数で表すと、「11111111.11111111.11111111.0」になります。この1の数が、サブネットプレフィックスの長さです。

　もう1つ例を挙げます。サブネットマスクが255.255.255.128のときです。128は、電卓で計算すると2進数で1000 0000となります。このため、全体を2進数で表すと、「11111111.11111111.11111111.10000000」になります。1の数は25個あるため、サブネットプレフィックスの長さは25になります。

　「ゲートウェイ」は、デフォルトゲートウェイのIPアドレスです。また、「優先DNS」は、DNSサーバのIPアドレスです。インターネット接続ルータがDNSサーバになっている場合は、そのIPアドレスを設定します。もし、DNSサーバが2台あるときは、「代替DNS」も入力します。優先DNSサーバがダウンして応答がない場合は、代替DNSサーバに問い合わせを行うようになります。

● 事業所間接続の設定ポイント

　事業所間接続であっても、これまでと設定方法は変わりません。たとえば、IP-VPNとしてNTT東西で提供するフレッツVPNワイドを利用した場合、**フレッツVPNワイドの設定**で、**固定のプライベートアドレス**が使えます。このプライベートアドレスを接続先として、すでに説明したIPsecによる拠点間接続VPNの設定を行えば、通信可能になります。

■ フレッツVPNワイドでのIPsec利用

フレッツVPNワイド
IPsec
192.168.1.1　　　　　　　192.168.1.2

> インターネットではないのでグローバルアドレスではなく、プライベートアドレスを自分で設定する

　上記は、各拠点にIPアドレスを1つ割り当てる「端末型払い出し」（フレッツVPNワイドのデフォルト）という方法を使った場合の例です。

　また、インターネットではないため認証や暗号化は不要です。この場合は、IPIP接続も使えます。IPIP接続は、「かんたん設定」→「VPN」→「拠点間接続」で設定できる「接続種別の選択」画面でIPIPを選択して設定します。設定は、接続先と経路に関する設定だけです。IPIPは、NVR510でも使えます。

　広域イーサネットでは、IPsecやIPIPなどの設定も不要です。スタティックルーティングやダイナミックルーティングで拠点間のルーティングができるようになると、通信可能になります。

まとめ

▶ **コアスイッチではVLAN間ルーティングやデフォルトルートを設定する**

▶ **フレッツVPNワイドではIPsecやIPIPによって事業所間を接続する**

通信は、階層化されて説明されることがあります。OSI参照モデルです。OSI参照モデルは、以下のような7階層に分かれています。

層番号	層名
7	アプリケーション層
6	プレゼンテーション層
5	セッション層
4	トランスポート層
3	ネットワーク層
2	データリンク層
1	物理層

　たとえば、Webサーバと通信するときのデータは、アプリケーション層で作られます。層が下にいくと必要なデータ（ヘッダと言います）が追加されて、最後にフレームとなって送信されます。このとき、ネットワーク層では送信元や宛先IPアドレスの情報がヘッダとして追加されてパケットが作られます。また、データリンク層では送信元や宛先MACアドレスの情報がヘッダとして追加されてフレームになります。

　この層は、英語でレイヤーと言います。このため、IPアドレスでルーティングするLANスイッチは、対応するレイヤーからL3（レイヤー3）スイッチと呼ばれます。MACアドレスだけを見て転送するLANスイッチは、L2（レイヤー2）スイッチと呼ばれます。

　また、コアスイッチの図で使っていたのは、シャーシ型と呼ばれるLANスイッチです。シャーシ型は、スロットという部分にカードを挿入することでポートの種類を変更することができます。また、多数のカードを挿入して大量のポートを持つこともできます。

シャーシ型のLANスイッチ。このようなスロットを持たないLANスイッチは、ボックス型と呼ばれます。

4章

▼

レンタルサーバの
活用

本章では、サーバによるサービスの構築方法について説明します。最近では、Webサーバやメールなどもレンタルサーバにより安く運用できるようになってきました。このため、おもにレンタルサーバでの構築方法について説明します。

26 オンプレミスと レンタルサーバ

インターネットが発展し、提供されるサービスが増えるにつれて、サーバの運用方法も以前とは変わってきました。ここでは、オンプレミスとレンタルサーバの比較を行います。

● オンプレミス

サーバを購入して自社に設置し、WindowsなどのOS（Operating System）やアプリケーションの設定をしてサービスを提供する方法を**オンプレミス**と呼びます。

たとえば、メールと公開Webサーバ、共有ファイルサーバを利用する場合は、以下のようなネットワーク構成になります。

■ サービスを提供するためのネットワーク構成

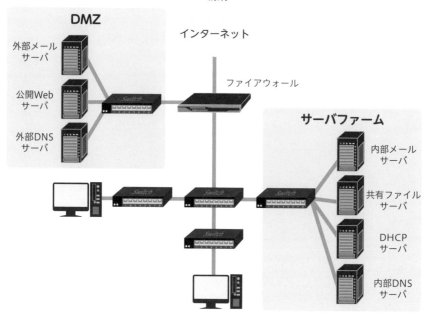

各サーバは、次のような役割を持ちます。

■ オンプレミスでのサーバの役割

サーバ	説明
内部メールサーバ	パソコンから接続してメールを送受信するサーバです。
外部メールサーバ	インターネットからのメールを受信し、内部メールサーバに転送するサーバです。
共有ファイルサーバ	複数の人がファイルを保存し、共有できるサーバです。
DHCPサーバ	パソコンにIPアドレスを割り当てるサーバです。
内部DNSサーバ	イントラネットでDNSが使えるようにするサーバです。
外部DNSサーバ	インターネットで自社ドメインを公開するためのサーバです。
公開Webサーバ	Webサーバをインターネットに公開するためのサーバです。

　外部と内部のメールサーバに分かれているのは、インターネットから内部メールサーバに直接メールを受け付けないようにするためです。インターネットからの通信は、DMZの外部メールサーバを経由するようにします。

　最近では仮想化により、少数のサーバ上に仮想OSを構築して実現することもあります。

■ 仮想化システムでの構築イメージ

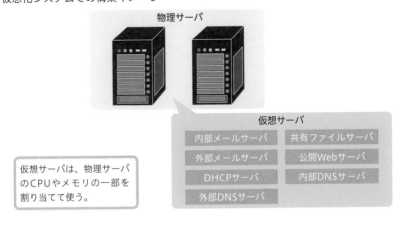

物理サーバ

仮想サーバ

内部メールサーバ	共有ファイルサーバ
外部メールサーバ	公開Webサーバ
DHCPサーバ	内部DNSサーバ
外部DNSサーバ	

仮想サーバは、物理サーバのCPUやメモリの一部を割り当てて使う。

⦿ レンタルサーバ

レンタルサーバは、複数の組織や個人が共有で使うことで価格が安く抑えられています（契約内容によります）。たとえば、月額100円程度で借りられるものもあります。

■ レンタルサーバのしくみ

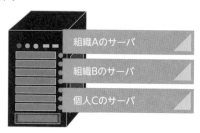

　ほかの組織と同じIPアドレスを使うことになりますが、Webブラウザから通信してきたとき、FQDNによって各組織や個人のサーバに接続できます。

■ レンタルサーバとの通信方法

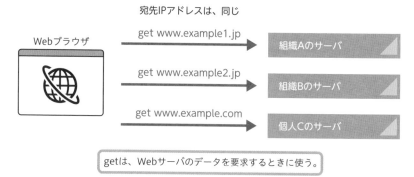

　レンタルサーバは、インターネットのどこからでも通信可能なため、公開Webサーバを構築するのに適しています。また、通常はメールサーバの機能も提供しています。Webサーバやメールサーバなどの機能が構築された状態で提供されるサービスを利用すると、OSなどを設定する必要がなくすぐに使えます。

● オンプレミスとレンタルサーバの比較

オンプレミスで構築する場合と、レンタルサーバ（安くてサービスが限定されているもの）を利用する場合の比較は、以下のとおりです。

■ オンプレミスとレンタルサーバの比較

項目	オンプレミス	レンタルサーバ
サービス	◎多様なサービスと拡張性	×Webやメールサーバなどのみ
価格	×数十万円以上	◎月額100円など
構築	×すべて自分で構築	◎すぐに利用可能
運用	△すべて自分で運用	△レンタルサーバの会社が行う
セキュリティ	△すべて自分で対応	△レンタルサーバの会社が行う

オンプレミスで障害が発生したときは、スキル（技術）のある人がいれば早く対応できますし、いつ頃復旧できるか利用者にアナウンスもできます。レンタルサーバの場合は、いつ復旧するのかわからないこともあります。

このため、オンプレミスは多くの人が使い、スキルのある人がいる場合に向いています。レンタルサーバは、使う人が少なかったりオンプレミスでの構築や運用が困難だったりする場合に向いています。

なお、レンタルサーバでは社内用のDHCPやDNSサーバは構築できません。しかし、すでに説明したように、人数が少なければヤマハ製ルータによって実現可能です。また、一部だけオンプレミスにするという選択肢もあります。

まとめ

▶ **オンプレミスはサーバを購入して自分たちで構築する**

▶ **レンタルサーバはサーバを共有で使う（契約内容による）**

▶ **少ない人数ではレンタルサーバ、人が多くてスキルがある人がいればオンプレミスを選択する。一部だけオンプレミスという選択肢もある**

27 レンタルサーバの利用準備

レンタルサーバは、自分でサーバなどを構築する必要はありませんが、サーバを借りたりドメインを取得したりするといった準備は必要です。ここでは、レンタルサーバを利用するための準備について説明します。

● レンタルサーバの申し込み

　たくさんの**レンタルサーバ**がありますが、月額100円前後で借りられる2つのサービスをご紹介します。ロリポップとさくらインターネットです。ロリポップのエコノミープランは110円／月、さくらインターネットのライトプランは131円／月です（2020年7月執筆時点）。

　どちらも、多くのユーザが利用していて長年実績のあるサービスです。無料期間もあるため、試したあとにやめることもできます。

　ロリポップもさくらインターネットも、Let's Encrypt（無料SSL）という**httpsを利用した暗号化に対応**しています。

■ httpとhttpsの違い

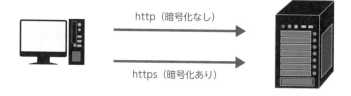

　Webブラウザのアドレス欄でhttps://example.comのようにhttpのあとにsを付けて入力すると、暗号化して通信を行います。最近のWebブラウザは、httpsに対応していないと正常に表示できなかったり、警告を表示したりするため、httpsの対応は必須と言えます。

　ドメインを取得してWebサーバとして使えるようになったあと、管理画面でLet's Encryptの設定をすると使えるようになります。

○ ドメインの取得

ドメインは、取得しなくてもレンタルサーバで用意しているドメインが使えます。しかし、このドメインは共有で使うドメインです。会社などでは、会社名を反映したドメインの方がWebサーバを公開するときに信頼されやすくなります。また、取得したドメインはメールアドレスにも使えます。

ドメインは、登録を扱っているサイトから取得します。ドメイン名の決め方ですが、example.comであればexample部分は自由に決められます。com部分には意味があります。一般的な会社では、comやco.jpが使われます。

値段は、comが数千円／年、co.jpが数万円／年程度です（2020年4月執筆時点）。ドメイン名は早い者勝ちなので、すでに使われている名前は使えません。ドメインを取得したら、レンタルサーバと関連付ける必要があります。

■ ドメイン名とレンタルサーバの関連付け

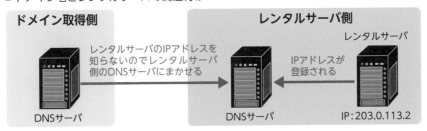

ドメインを取得した側のDNSサーバでは、レンタルサーバのIPアドレスはわからないため、管理画面でレンタルサーバ側のDNSサーバを登録します。このDNSサーバの情報は、レンタルサーバ側で公開されていると思います。DNSサーバは一般的に二重化されているため、たとえばns01.example.com、ns02.example.comと2つ登録することになります。

> ### まとめ
>
> ▶ **レンタルサーバだけでなくドメインも取得が推奨される**
>
> ▶ **ドメインとレンタルサーバを関連付けする設定が必要となる**

28 | Web ページの準備

レンタルサーバが使えるようになったあとは、Webブラウザで表示させるページを準備する必要があります。ここでは、Webページを公開するための準備について説明します。

⚪ HTML

Webブラウザは、Webサーバからファイルを転送してもらい、その内容を表示しています。ファイルは、**HTML**（HyperText Markup Language）や**CSS**（Cascading Style Sheets）などで記述します。

本書では、最低限知っておくべきHTMLとCSSの基本的な記述方法について説明します。

HTMLは、以下のように記述します。

```
<!DOCTYPE html>
<html lang="ja">
<head>
<meta http-equiv="Content-Type" content="text/html;
charset=UTF-8">
<meta http-equiv="Content-Style-Type" content="text/
css">
<link rel="stylesheet" type="text/css" href="css/
style.css">
<title> タイトル </title>
</head>

<body>
表示される部分
</body>
</html>
```

</head>までの記述は、最低限必要です。**文字コード**（ここではUTF-8）を指定したり、**読み込むCSSファイル**（ここではcss/style.css）などを記述したりします。<body>の下に、Webブラウザの画面で表示する内容を記述します。

HTMLは、開始タグ（例：<head>）と終了タグ（例：</head>）で囲まれた中に情報を記述して、それを1つの要素という単位として表現します。この要素は、Webブラウザでの表示に影響します。たとえば、<title>タグで囲まれた要素は、Webブラウザのタブ上に表示されます。

■ <title>はWebブラウザのタブに表示される

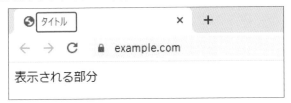

また、**body**の中には以下のような要素を記載します。

■ bodyの中に記載する要素（一例）

要素	説明
h1,h2 など	見出しです。h1からh6まであり、数字が小さいほど大きな見出しで、文字も大きく表示されます。
p	段落です。段落を分けるときは、複数要素を作ります。

<h1>見出し</h1>などとして見出しを作り、その下に<p>説明</p>などと文書を記述していきます。段落を分けるときは、p要素を増やします。これらをひとかたまりとして次の見出しや段落も記述していき、ページとして完成させます。

HTMLは、メモ帳などのテキストエディタで書くことができます。拡張子はhtmlです。たとえば、トップページのファイル名は、index.htmlで保存します。

また、今回の例では文字コードとしてUTF-8を使っているため、保存するときもUTF-8で保存する必要があります。メモ帳では、「ファイル」→「名前を付けて保存」の順に選択すると、ファイル名を入力する画面で文字コードも選択できます。

◎ CSS

CSSファイルは、表示の仕方を指定します。たとえば、背景色やフォントの種類などを変えることができます。記述例は、以下のとおりです。

```
@charset "UTF-8";
body {
background-color: black;
font-family: "メイリオ", sans-serif;
}
```

UTF-8は、文字コードです。bodyは、HTMLのbody要素に影響する記述であることを示していて、**セレクタ**と呼ばれます。bodyは、文書全体を示す要素なのでWebブラウザの表示全体に影響します。

background-colorは、背景色を指定します。これは、セレクタの中で値を定義するもので**プロパティ**と呼ばれます。bodyセレクタの中に記述されているため、ページ全体の背景色が黒になります。font-familyはフォントの種類です。このように、CSSではセレクタで定義する範囲を決め、プロパティでその内容を記述していきます。

また、パソコンとスマートフォンでは、画面の大きさが違います。このため、**レスポンシブウェブデザイン**と言って、読み込むCSSファイルを変えてパソコンとスマートフォンで表示の仕方を変えることもできます。

```
<meta name="viewport" content="width=device-
width,initial-scale=1.0">
<link rel="stylesheet" type="text/css" href="スマホ用
CSSファイル">
<link rel="stylesheet" type="text/css" href="PC用CSS
ファイル" media="screen and (min-width: 768px)" />
```

すでにある<link>の代わりに上記をHTMLの<head>内に記述すると、画面の大きさによって読み込むCSSファイルが切り替わります。

CSSも、テキストエディタで書くことができます。拡張子はcssです。HTMLで指定したフォルダに同じ名前（例:css/style.css）で保存する必要があります。

● ファイルのアップロード

作成したHTMLとCSSファイルをレンタルサーバにアップロードすると、インターネットからWebページが参照できるようになります。アップロードは、**FTPソフト**などを使って行います。ここでは、FTPソフトのFFFTPを使って手順を説明します。FFFTPはオープンソースのため、無料で利用できます。

FFFTPは、以下からダウンロードできます。

https://ja.osdn.net/projects/ffftp/

ダウントードしたファイルをダブルクリックしてインストールします。インストール後は、スタートメニューなどからFFFTPを起動し、新規ホストの登録を行います。

■ FFFTPの「ホストの設定（基本）」画面

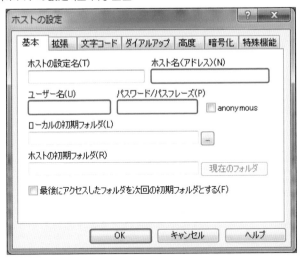

ホスト名やユーザ名、パスワードの入力が必要ですが、これはレンタルサーバで指定されたものを入力します。「OK」をクリックしたあとで、作成したホストを選択して「接続」をクリックすると、サーバと接続できます。接続後は、ファイルを指定してアップロードできます。複数ファイルを選択して一度にアップロードすることもできます。

■ FFFTPでサーバに接続したときの画面

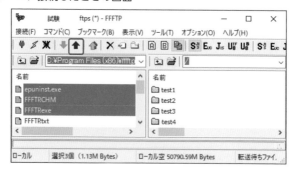

　1つのファイルを選択して、Shiftキーを押しながら1つ目とは離れた別のファイルをクリックすると、上記のように範囲指定できます。Ctrlキーを押しながらクリックすると、ファイルの場所に関係なく選択ファイルが1つ増えます。上矢印のアイコンをクリックすると、アップロードが開始されます。

　なお、このままでは暗号化されません。暗号化してアップロードするためには、「ホストの設定」画面（「接続」→「ホストの設定」→「変更」）で「暗号化」タブを選択します。

■ FFFTPの「ホストの設定（暗号化）」画面

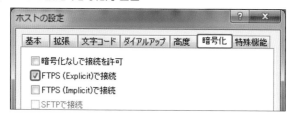

　「FTPS（Explicit）で接続」、「FTPS（Implicit）で接続」のどちらか、もしくは両方にチェックを入れて、「OK」をクリックします。どれに対応しているかは、レンタルサーバ側の仕様によります。P.156で紹介したロリポップと、さくらインターネットでは「FTPS（Explicit）で接続」にチェックを入れれば接続できます。

　また、FTPソフトを使わなくても、レンタルサーバ側で用意しているWeb画面からファイルをアップロードできることもあります。その場合は、httpsで接続していれば自動的に暗号化されてファイル転送されます。

● .htaccesによる制御

example.comというドメインを取得したとします。このとき、Webブラウザのアドレス欄でwww.example.comと入力しても、example.comと入力しても同じページが表示されることがあります。これは、レンタルサーバでどちらでも通信できるようになっているためです。

このように、同じページが2つのアドレスでアクセスできると、検索サイトなどの順位に影響が出る可能性があります。このため、**www.example.comまたはexample.comに統一**することができます。制御は、.htaccessファイルで行います。

以下は、.htaccessファイルの記述例です。

```
RewriteEngine On

RewriteCond %{HTTP_HOST} ^www¥.example ¥.com
RewriteRule ^(.*) https://example.com/$1 [R=301,L]
```

RewriteEngine Onは必須です。その下は、http (s) ://www.example.comからhttps://example.comに転送するという意味です。つまり、example.comに統一されます。

RewriteCondが転送の条件を示し、RewriteRuleが転送先を示します。^は、文字の始まりを示します。(.*)は任意の文字を$1に代入するため、どのページにアクセスしても、wwwなしの同じページに転送されます。

次の記述例です。

```
RewriteCond %{THE_REQUEST} ^.*/index.html
RewriteRule ^(.*)index.html$ https://example.com/$1
[R=301,L]
```

これは、http (s) ://example.com/index.htmlからhttps://example.comに転送するという意味です。この記述は、配下のフォルダにも有効なので、たとえばhttp (s) ://example.com/test/index.htmlであればhttps://example.com/testに転送されます。

次の記述例です。

```
RewriteCond %{HTTPS} off
RewriteRule ^(.*)$ https://example.com/$1 [R=301,L]
```

http://example.com など、httpsでない通信の場合はhttpsに転送されます。
最後は、エラーページへの転送例です。

```
ErrorDocument 403 https://example.com/error/403.html
ErrorDocument 404 https://example.com/error/404.html
ErrorDocument 503 https://example.com/error/503.html
```

サーバ側でエラーが発生すると、errorフォルダの403.htmlなどに転送され
ます。各エラーの意味は、以下のとおりです。

■ Webページのエラー

コード	英語	説明
403	Forbidden	アクセスが許可されていない。
404	Not Found	ページが存在しない。
503	Service Unavailable	サーバの負荷が高いなどで処理できない。

error/403.htmlなどに転送されるため、各ページは作成しておく必要があり
ます。

これまで説明した内容は、1つの.htaccessファイルに記述できます。ま
た、.htaccessファイルはアップロードしたフォルダ配下すべてで有効です。
たとえば、testフォルダにアップロードした場合、testフォルダ配下だけ有効
になります。ここでの例では、トップフォルダ（トップページと同じフォルダ）
にアップすると、すべてのページで有効になります。

● WordPress

HTMLやCSSを記述するのは難しいと思います。そのようなときは、**CMS**
（Contents Management System）が便利です。CMSの中でも、WordPressは世

界中の会社や個人で利用されています。

WordPressは、HTMLやCSSを記述しなくてもテーマを選択するだけでヘッダやフッダなどの画面構成ができます。画面を構成したあとは、ブログのように文章を書くだけでページが完成します。

■ WordPressの利用イメージ

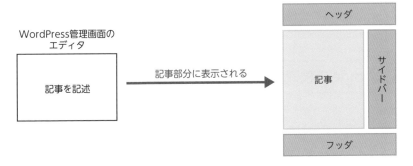

WordPressを使うには、ロリポップではライトプラン、さくらインターネットではスタンダードプランと、先に紹介したプランの1つ上のプランで契約する必要があります。費用は少し高くなりますが、年間数千円程度のため、HTMLやCSSを記述する手間や綺麗なページがすぐにできることを考えると、検討の余地があります。

ロリポップでは「簡単インストール」、さくらインターネットでは「クイックインストール」により、ほとんど設定することなく使うことができます。

まとめ

▶ **Webサーバを公開するためにはHTMLやCSSで記述する必要がある**

▶ **WordPressなどのCMSを利用すれば簡単に綺麗なWebページが作れる**

29 Webサイトの公開

ここまでで、WebブラウザからURL（FQDN）を入力してWebサイトを参照できるようになりますが、検索サイトからは検索できません。ここでは、検索サイトへの登録方法について説明します。

● Googleの検索エンジンに登録

　Webページは、Webブラウザのアドレス欄にURLを入力しても参照できますが、Webサイトを訪れる人の多くはGoogle（https://www.google.com/）などの検索サイトを利用します。Webサイトは、検索エンジンに登録されてはじめて検索結果に表示されるようになります。このため、訪れる人を増やすには**検索エンジン**への登録が必要です。自動で登録されることもありますが、確実なのは自分で登録する方法です。**Googleの検索エンジンに登録**するためには、以下のURLからWebサイトのURLを送信する必要があります。

http://www.google.com/intl/ja/submit_content.html

　画面にある「URLをGoogleのインデックスに追加」をクリックして登録しますが、ログインが必要なためアカウントの作成が必要です。送信するURLは、自身が取得しているドメインのURL（例：example.com）です。

　送信後に、「リクエストが受信されました。まもなく処理されます。」と表示されれば成功です。失敗することもありますが、何度もやり直しができます。

　URLの送信が成功しても、登録されるまでは数時間かかります。しばらく待ってから、Googleの検索ページでsite:example.comなどとsite:に続いて公開WebサイトのURLを入力して検索します。登録したページが検索結果に表示されて、クリックするとページが表示されれば正常に登録されています。

　なお、Googleで検索されるようになると、Yahoo! JAPAN（https://www.yahoo.co.jp/）でも検索されるようになります。Yahoo! JAPANは、Googleの検索エンジンを使っているためです。

● Bingの検索エンジンに登録

Bing（https://www.bing.com/）は、Microsoftが提供している検索サイト
です。Microsoftが運営しているポータルサイトのMSN（https://www.msn.com/
ja-jp）で検索した場合もBingが使われます。Bingは、独自の検索エンジンを持っ
ているため、Googleとは別に以下のURLから登録を行います。

https://www.bing.com/toolbox/webmaster/?cc=jp

上記で、「サインイン」をクリックして登録しますが、ログインが必要なため
アカウントがない場合は作成が必要です。また、WebサイトのURLを送信す
るだけでなく、サイト自体の所有者であることを示す必要があります。

Bingでは、登録と同時にWebサイトの情報管理も行えるようになります。
たとえば、検索された数や検索された単語などが確認できます。このため、
Webサイトの所有者以外が情報管理できないようになっています。

ログインしてサイトを追加したあとは、この所有権の確認画面になります。
所有権を示す方法で一番簡単なのは、BingSiteAuth.xmlをダウンロードする方
法です。画面に表示されたBingSiteAuth.xmlファイルをダウンロードして、
Webサイトのトップフォルダにアップロードします。Bingが、このファイル
にアクセスできればWebサイトの所有者として確認が取れたことになって、
Webサイトが登録されます。

登録後の確認方法は、Googleのときと同じです。しばらく待ってから、site:
example.comなどと検索して表示されるようになれば、正常に登録されていま
す。なお、Googleでも以下で登録すると、Webサイトの情報管理が行えます。

https://search.google.com/search-console/about?hl=ja

まとめ

▶ 検索サイトで検索されるようになるためには検索エンジンに登
録する必要がある

30 | メールを利用する準備

レンタルサーバは、通常はメールも利用できます。ドメインを取得していれば、そのドメイン名を使ったアドレスでメールの送受信もできます。ここでは、メールを利用する準備について説明します。

● Webメーラの利用

メールを利用するには、ユーザ名が必要です。このため、メールを利用する前に、レンタルサーバの管理画面でユーザとパスワードを入力して、ユーザを作成しておく必要があります。

たとえば、example.comというドメインを取得していて、user01というユーザを作成した場合、メールアドレスはuser01@example.comになります。

ロリポップもさくらインターネットも**Webメーラ**をサポートしているため、ユーザを作成すればすぐにメールの送受信ができます。Webメーラとは、Webブラウザで接続してメールを見たり送信したりできるシステムです。

■ Webメーラの利用イメージ

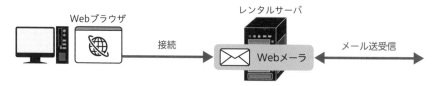

メールの送受信は、レンタルサーバ側で行うため、特に設定などは不要です。Webブラウザから接続するURLは、レンタルサーバ側で指定されています。また、利用時にログインが必要です。通常は、以下のIDとパスワードを利用してログインします。

ID：メールアドレス（例：user01@example.com）
パスワード：ユーザを作成したときのパスワード

◯ メールソフトの利用

Webメーラは、パソコンにメールが保存されないため、インターネットと通信できるときしかメールが読めません。パソコンに**メールソフト**があれば、インターネットと通信できないときでもメールを読むことができます。

メールソフトは、レンタルサーバから**POP3**（Post Office Protocol Version 3）や**IMAP4**（Internet Message Access Protocol 4）でメールを受信します。POP3は、サーバからメールソフトにメールを転送するだけです。IMAP4は、サーバとメールソフトの間で同期するため、メールソフトでメールを消すとサーバ側からも消えます。

■ POP3とIMAP4の違い

サーバとメールソフトの間で同期するということは、パソコンで既読になったメールはサーバ側でも既読扱いになるため、スマートフォンで見たときも既読になっているということです。このため、複数の機器でメールを使う場合は、IMAP4がお薦めです。

■ IMAP4はどの機器でメールを見ても既読・未読などが同じ

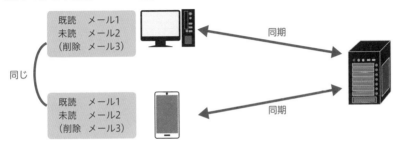

なお、POP3 や IMAP4 の通信を暗号化した POP3S や IMAP4S をサポートしているレンタルサーバもあります。

　また、メールソフトからのメール送信時は **SMTP（Simple Mail Transfer Protocol）のサブミッションポート**を使います。メールサーバ間で使うのは、SMTP 転送です。

■ メール送信から受信までの流れ

　当初、パソコンからのメール送信時に認証を行っていなかった（SMTP 転送を使っていた）ため、メールアドレスを持っていない第三者が勝手にメールを送信することもできました。このため、SPAM メール（迷惑メール）に悪用されることもありましたが、今ではメールソフトからメールサーバに送信するときは、通常はサブミッションポートを使います。サブミッションポートであれば、ユーザ ID とパスワードによる認証も行われるのが一般的です。

　メールソフトには、Windows に標準で用意されているもののほか、Outlook や Thunderbird などがあります。Outlook は、Microsoft の Office 製品の一部です。Office 製品を購入すると利用できます。Office 製品には、Word や Excel などがあります。

　Thunderbird は、オープンソースのため以下からダウンロードして無料で利用できます。

https://www.thunderbird.net/ja/

　以降は、Windows 10 に標準で用意されているメールソフトを例に、設定を説明します。

① Windows 10の画面左下にある「スタート」ボタンをクリックして、「メール」を選択します。

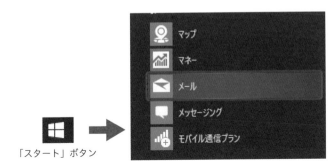

「スタート」ボタン

② 初めて使う場合は、表示された画面で「使ってみる」をクリックして、「アカウントの追加」をクリックします。

すでにメールソフトを利用している場合は、歯車の形をした「設定」アイコン→「アカウントの管理」→「アカウントの追加」の順で選択します。以下の画面が表示されるため、「詳細設定」を選択します。

③以下の画面が表示されるので、「インターネット メール」を選択します。

④以下の画面が表示されます。

各項目の内容は、次ページのとおりです。

項目	説明
メールアドレス	作成したメールアドレスです。
ユーザー名	認証IDです（ユーザの名前やメールアドレスなど）。
パスワード	作成したときのパスワードです。
アカウント名	ほかのメールアドレスも使っていた場合、区別できるように名前を付けます。
この名前を使用してメッセージを送信	この名前がメール送信時に使われます。
受信メールサーバ	メールを受信するときのサーバです。レンタルサーバ側で指定されています。
アカウントの種類	POP3、IMAPから選択します。
メールの送信（SMTP）サーバー	メールを送信するときのサーバです。レンタルサーバ側で指定されています。
送信サーバーには、認証が必要です	最近では、メール送信時にも認証を行います。レンタルサーバ側で指定されています。
送信メールに同じユーザー名とパスワードを使用する	メール送信時の認証方法です。レンタルサーバ側で指定されています。
受信メールにはSSLが必要	チェックすると暗号化されます。レンタルサーバ側で指定されます。
送信メールにはSSLが必要	チェックすると暗号化されます。レンタルサーバ側で指定されます。

設定後に「サインイン」をクリックすると、設定は完了です。

「＋新規メール」をクリックすると、メールの送信ができます。自分のメールアドレス宛てに送信して、メールが受信できれば正常に設定ができています。

まとめ

▶ メールの利用方法としてWebメーラとメールソフトがある

▶ メールソフトはインターネットと通信できないときでもメールが参照可能

無料レンタルサーバやフリーメール、クラウド

　有料のレンタルサーバを利用しなくても、無料で利用できるレンタルサーバもあります。しかし、無料のレンタルサーバは、通常Webページの一部に広告が表示されます。

　競合する会社の広告が表示されたりすると、ビジネス機会の損失につながる可能性があります。自社のサイトを訪問してきているのに、広告をクリックして競合他社のページに移動されてしまうためです。競合他社の広告でなくても、会社のページに他社の広告が表示されると怪しむ人もいます。

　また、メールもフリーメールを利用すれば、無料で済みます。たとえば、GmailやOutlook.comです。ほかにもISPと契約すると、メールが無料で利用できることもあります。

　フリーメールやISPのメールを利用した場合、メールアドレスがユーザ名@gmail.comやユーザ名@outlook.comなどとなり、ドメイン部分が共通になります。メールで不特定多数の人に案内を出した場合などは、会社からの案内なのに送信元がフリーメールやISPのドメインからだと、怪しいメールと警戒する人もいます。無料サービスを利用する際には、このようなことを踏まえた検討が必要です。

　なお、最近ではクラウドを利用する組織も増えてきています。たとえば、Microsoft 365やG Suiteです。どちらも有料ですが、メールを送受信したり、社内用のWebサーバを構築したり、チャットやビデオ会議、ファイル共有などができます。

　Microsoft 365もG Suiteもインターネットから接続できます。このため、出張者がパソコンやスマートフォンを利用してビデオ会議に参加したり、ファイルを取り出したりすることも手軽にできます。

　費用はかかりますが、クラウドを仕事上の強力なツールとして活用できれば、移動のための旅費や時間を削減して仕事のスピードを上げることもできるため、売り上げ向上やコスト削減につなげることも可能です。

5章

▼

Microsoft 365
の活用

ネットワークを無事構築したら、アプリケーションを準備します。業務に合ったものを導入しますが、マイクロソフトが提供する「Microsoft 365」（旧称Office 365）であれば、一般的なデスクワークに対応するため、多くの企業に活用されています。本章ではその詳細を解説します。

31 Microsoft 365 の役割

「Microsoft 365」の導入は、インターネットを介して行えます。ここでは、その概要を解説します。なお、2020年春より今までの名称である Office 365 は、Microsoft 365 に変わっています。

● Microsoft 365

　構築した社内ネットワークの活用方法として注目したいのが、**マイクロソフトのクラウドサービス「Microsoft 365」**です。多くの組織が業務に使用している Excel、Word、PowerPoint などの Office アプリに加え、メールや予定表をクラウド上で管理できる「Exchange Online」や、ファイルの共有や組織内のコラボレーションを実現する「SharePoint Online」といったサービスが利用できます（選択するプランによって使えるサービスは異なります）。

　オンラインストレージ「OneDrive」も利用でき、Windows パソコン、Mac、スマートフォン、タブレットなど、異なるデバイスで業務環境を統一することが可能となります。

■ Microsoft 365を構成するおもなアプリ・サービスと利用イメージ

● Exchange Online／SharePoint Online

Exchange Onlineは、法人向けメールや予定表、連絡先などを同期できるクラウドサービスです。プッシュ通知に対応しており、現代のビジネスが求めるワークスタイルに不可欠な機能を提供してくれます。標準で50GBのメールボックスが提供され、独自ドメインも使用することができます。

SharePoint Onlineは、ファイル共有と組織のコラボレーションを実現するSaaS型のサービスです。ドキュメントの共有をはじめ、ワークフローなどの共同作業にも対応。社内ポータルサイトを運用するための機能も備わっており、業務効率化や生産性向上に欠かせないサービスと言えます。

■ Exchange Onlineの管理画面

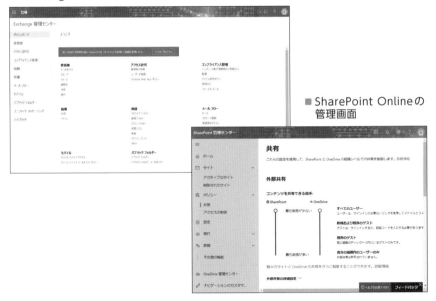

■ SharePoint Onlineの
　管理画面

✏ まとめ

▶ **Microsoft 365 はクラウドサービスで、プランによってさまざまなアプリが利用できる**

▶ **Microsoft 365 では異なるデバイスで業務環境を統一できる**

32 Microsoft 365 の ラインナップ

Microsoft 365 にはさまざまなプランが用意されています。300名以下のユーザ数を対象とした一般法人向けプランや、大企業向けプラン、教育機関向けのプランなどから選べます。支払いはサブスクリプション方式が採用されています。

● 個人・法人・教育機関向けプラン

さまざまなアプリやサービスの集合体であるMicrosoft 365には、**用途に合わせたプラン**が用意されています。個人向けと一般法人向け（ユーザ数300名以下）のプランは、2020年春より「Microsoft 365」の名称に変更されていますが、含まれるサービス内容は大きく変わってはいません。少しわかりづらくなっていますが、各プランの名称を確認しておきましょう。

■ Microsoft 365 のおもなプラン

プラン名	詳細
個人向け	Microsoft 365 Personal（旧Office 365 Solo）
一般法人向け	Microsoft 365 Apps for business、Microsoft 365 Business Standard、Microsoft 365 Business Basic
大企業向け	Microsoft 365 Apps for enterprise、Office 365 E1、Office 365 E3、Office 365 E5
教育機関向け	Office 365 A1、Office 365 A3、Office 365 A5

● 一般法人向けプラン

最大ユーザ数300名までとなる一般法人向けプランは、2020年4月22日より名称が変更されました（次ページの表参照）。Officeアプリと Exchange Online、SharePoint Online、そのほかのサービスが利用可能な **Microsoft 365 Business Standard**（旧Office 365 Business Premium）は、月額1,560円（年間

契約）で利用することができます。また、同プランにセキュリティなどを強化した月額2,750円の **Microsoft 365 Business Premium** もあります。

　Officeアプリの利用がメインならば、デスクトップアプリ（Windows／Mac）、Webアプリ、モバイルアプリと1TBのOneDriveを使える月額1,030円の **Microsoft 365 Apps for business**（旧Office 365 Business）、デスクトップ版Officeアプリが不要ならば、月額750円のベーシックプラン **Microsoft 365 Business Basic**（旧Office 365 Business Essentials）が選べます。

■ 一般法人向けのおもなプラン

サービス名称	Microsoft 365 Apps for business	Microsoft 365 Business Standard	Microsoft 365 Business Basic
旧名称（※1）	Office 365 Business	Office 365 Business Premium	Office 365 Business Essentials
利用料金（※2）	1,030円／月	1,560円／月	750円／月
デスクトップ版Officeアプリ	Outlook／Word／Excel／PowerPoint／Access（※2）／Publisher（※2）	Outlook／Word／Excel／PowerPoint／Access（※3）／Publisher	―
利用可能なおもなサービス	OneDrive	OneDrive／Exchange／SharePoint／Teams／Bookings	OneDrive／Exchange／SharePoint／Teams
Web版Officeアプリ	Word／Excel／PowerPoint／OneNote	Word／Excel／PowerPoint／Outlook／OneNote	Word／Excel／PowerPoint／Outlook／OneNote
iOS／Androidデバイス版Officeアプリ	Word／Excel／PowerPoint	Word／Excel／PowerPoint／Outlook／OneNote	Word／Excel／PowerPoint／Outlook／OneNote
オンラインストレージ	1TB の OneDriveストレージ	1TB の OneDriveストレージ	1TB の OneDriveストレージ
24 時間年中無休の電話とオンラインでのサポート（重大な問題の場合）	○	○	○
最大ユーザ数	300	300	300

上記プラン以外に「Microsoft 365 Business Premium」（旧Microsoft 365 Business）もある
※1 2020年春よりサービス名が変更された／※2 料金は税抜き価格／※3 Windowsパソコンのみ

● 大企業向けプラン

　法人向けメールのホスティングをはじめ、多様なクラウドサービスを活用したいのならば、**Office 365 E1**（年契約で月額1,250円）、**Office 365 E3**（以下、E3。年契約で月額2,880円）、**Office 365 E5**（以下、E5。年契約で月額4,500円）から選択します。E3とE5ではメールボックス100GB、Exchange、SharePoint、Teamsといったサービスが利用できるほか、無制限の個人用オンラインストレージが用意されています。さらにE5には、マイクロソフトのBIツール「Power BI Pro」をはじめ、高度な機能やサービスが含まれています。

　なお、大企業向けのプランとなるOffice 365 Enterpriseですが、ユーザ数の制限はないため、SOHOなど小規模事業者でも選択することが可能です。Officeアプリの利用がメインの場合は、月額1,500円（年間契約）の**Microsoft 365 Apps for enterprise**（旧Office 365 ProPlus）を選べば、常に最新のOfficeアプリを利用できるようになります。

■ 大企業向けのおもなプラン

サービス名称	Microsoft 365 Apps for enterprise	Office 365 E1	Office 365 E3	Office 365 E5
利用料金（※1）	1,500円／月	1,250円／月	2,880円／月	4,500円／月
デスクトップ版 Officeアプリ	Outlook／Word／Excel／PowerPoint／OneNote／Access（※2）／Publisher（※2）	―	Outlook／Word／Excel／PowerPoint／Access（※2）／Publisher（※2）	Outlook／Word／Excel／PowerPoint／Access（※2）／Publisher（※2）
利用可能な おもなサービス	OneDrive／Teams	OneDrive／Exchange／SharePoint／Teams／Yammer／Stream	OneDrive／Exchange／SharePoint／Teams／Yammer／Stream	OneDrive／Exchange／SharePoint／Teams／Yammer／Stream／Power BI Pro
Web版Office アプリ	Word／Excel／PowerPoint	Word／Excel／PowerPoint／Outlook	Word／Excel／PowerPoint／Outlook	Word／Excel／PowerPoint／Outlook
iOS／Android デバイス版Office アプリ	Word／Excel／PowerPoint	Word／Excel／PowerPoint／Outlook	Word／Excel／PowerPoint／Outlook	Word／Excel／PowerPoint／Outlook

オンライン ストレージ	1TB の OneDrive スト レージ	1TB の OneDrive スト レージ	無制限の個人 用オンライン ストレージ	無制限の個人 用オンライン ストレージ
24 時間年中無休の電話とオンラインでのサポート	○	○	○	○
最大ユーザ数	制限なし	制限なし	制限なし	制限なし

※1 料金は税抜き価格／※2 Windows パソコンのみ

● 個人向け／教育機関向けプラン

複数デバイスでOfficeアプリやオンラインストレージ（OneDrive）を活用したいというニーズに対しては、個人（家庭）向けの**Microsoft 365 Personal**（旧Office 365 Solo）という選択肢も有効です。

年額12,984円もしくは月額1,284円で利用できます。法人向けプランとは異なり月間契約が可能なので気軽に試すことができます。Windowsパソコン、Mac、タブレット、スマートフォン向けの最新Officeアプリを使用でき、同時に5台までサインイン可能。OneDriveは1TBまで利用できます。

また、ファイルの共有やOfficeアプリの共同作業に対応するOffice 365は、学校などの教育機関にも好適です。マイクロソフトでは学生用、教職員用の専用プランを用意しており、認定を受けた教育機関ならば無料の**Office 365 A1**が利用できます。無料といっても、Officeアプリの利用はもちろん、Exchange Online、SharePoint Online、Teams、Sway、Formsといったサービスを使用することが可能で、教務や校務を強力にサポートしてくれます。

まとめ

▶ **Microsoft 365 は一般法人向け・大企業向けなどさまざまなプランを用意**

▶ **利用は一定期間で契約を行うサブスクリプション方式**

33 メール機能

クラウドを活用した法人メール環境を容易に構築できるのも、Microsoft 365の大きなメリットと言えます。メール機能を最大限に活用したいのならば「Outlook」と「Exchange Online」が含まれたプランを選ぶ必要があります。

● Outlook

Microsoft 365の標準メールアプリは**Outlook**です。Officeスイートに含まれているため、個人ユーザとして利用されている方もいるかもしれません。Outlookは、メールだけでなく予定表やタスク、連絡先の機能も搭載されており、**Exchange Online**の機能と組み合わせることでクラウド連携が可能になります。社内ネットワークの外でもメールの送受信が行えるようになるため、作業効率が大幅に向上するというメリットが得られます。

また、デスクトップ版やモバイル版のOutlookに加えて、Webアプリ版も用意されており、Outlookがインストールされていないデバイスでも、Webブラウザ経由でメールの確認や送信が行えます。

■ Webアプリ版「Outlook」

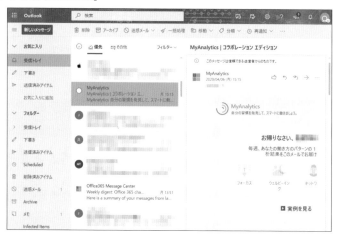

● マルウェア・スパムメール対策機能

Microsoft 365のメール機能（Exchange Online）には、マルウェアフィルター
やスパムフィルターといった**セキュリティ対策機能**が搭載されており、安全に
メールの送受信が行えます。各種情報の確認や設定の変更はWebブラウザ上
から行えるため、管理者の負荷もかかりません。

■ Exchange管理センターの「保護」画面

● カスタムドメインの設定

法人メールならば、独自のドメインでメールアドレスを設定したいものです。
Microsoft 365では、管理画面からカスタムドメインの設定が行えます。ドメ
インの取得も管理画面から実行できるなど、高い利便性を実現しています。

まとめ

▶ **Microsoft 365で法人メールを運用したい場合はOutlookと Exchange Onlineを含むプランを選択する必要がある**

▶ **Exchange Onlineはメールセキュリティ機能も充実**

▶ **独自ドメインの取得や設定も管理画面から行える**

34 カレンダーと スケジュール共有

業務効率化や生産性向上を実現するためのアプリやサービスが詰め込まれた
Microsoft 365 は、予定（スケジュール）管理機能も充実しています。複数デバイスでの共有はもちろん、ほかのユーザとスケジュールを共有することもできます。

◉ 予定表の活用

　Microsoft 365 のスケジュール管理は、**メールと同様 Outlook** を利用して行います。デスクトップ版や Web アプリ版、モバイル版などが用意されており、利用環境に合わせて選択することができます。

　とくに Web アプリ版の Outlook は Web ブラウザさえあれば使えるため、デバイスを携帯せずに外出した際でも、第三者のデバイスから容易にスケジュール確認が行えます。月表示をはじめ週表示、日表示などに対応し、予定の入力も簡単です。複数の予定表を作って管理することも可能です。

■ Web アプリ版「Outlook」の予定表画面

● 予定表の共有

Outlookの予定表は、ほかのユーザと共有することもできます。Webアプリ版の予定表画面で共有したい予定表のメニューをクリックし、共有とアクセス許可を選択します。

■ 予定表の共有は「共有とアクセス許可」から行う

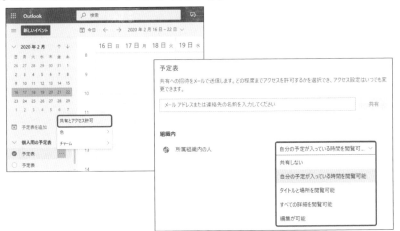

「共有とアクセス許可」画面（左）で共有したい相手の名前やメールアドレスを指定、共有する範囲を選択すれば設定完了です。自分の予定が入っている時間をほかのユーザが確認できるようにすれば（画面右）、ミーティングの時間調整などがスムーズに行えます。すべてのユーザが編集できるように設定すれば、チームの共有予定表として活用することも可能です。

まとめ

▷ **Microsoft 365の予定（スケジュール）管理はOutlookを中心に行う**

▷ **Outlookを利用してチームメンバーと予定を共有すれば、スケジュール調整も容易になる**

35 チームサイト

組織内のコラボレーションを向上させる「SharePoint Online」を使えば、ファイルや
進捗状況の共有をはじめ、スムーズな情報伝達やクラウドを介した共同作業などを
実現できます。まずはチームサイトを作成してみましょう。

● チームメンバーの"ポータルサイト"

　Microsoft 365に含まれるサービス**SharePoint Online**を使えば、組織の内部
Webサイト、すなわちポータルサイトを構築できます（SharePointではチーム
サイトと呼びます）。Microsoft 365グループでの密接なコラボレーションが実
現し、報連相（ホウレンソウ）や進捗状況の管理がスムーズに行えるようにな
ります。ファイルを共有してチームメンバーで共同編集も可能で、組織全体の
作業効率を大幅に向上させることができます。

　また、Microsoft 365グループに紐付けず、ビジュアル性に優れた情報を幅
広いメンバーと共有できる「コミュニケーションサイト」の作成にも対応して
います。パソコンのWebブラウザをはじめ、モバイルアプリでアクセスする
こともでき、OutlookやOneDrive、Teamsといったツールとの連携も容易に行
えます。

■ SharePoint Onlineで作成できる2つのサイト

● チームサイトを作成

SharePoint Online では、**Web ブラウザからの簡単な操作でチームサイトを作成**することができます。

■ 各種設定を行うだけで「チームサイト」を作成

　組織内のユーザやチームとコンテンツやファイル、タスクなどの共有や、チームメンバーとのコミュニケーション、共同作業などを行うことが可能です。チームサイトのホーム画面（右）にファイルをドラッグ&ドロップして共有することもできます。

まとめ

▶ **チームメンバーとのファイル・情報共有や共同編集を充実させたいならばチームサイトの作成が効果的**

▶ **チームサイトは、Outlook や OneDrive、Teams といった Microsoft 365 ツールとのシームレスに連携可能**

36 | OneDrive

Microsoft 365で使えるオンラインストレージ「OneDrive」は、クラウドとパソコンのファイル同期に対応可能です。どのデバイスでもファイルにアクセスできる環境が構築でき、時間や場所にとらわれない自由なワークスタイルが実現します。

● Windows 10のフォルダと同期

　OneDriveはクラウド上に用意されたオンラインストレージで、Webブラウザを介して利用することができます。このため、複数のデバイスを利用しているケースでも効率的にファイルを開いて作業が行えます。フォルダを作成して分類するなど、パソコンのファイル管理と同様の機能を備えています。

　また、OneDrive内のファイルはWindows 10のローカルフォルダと同期させることができます。パソコン上のファイルを開いて編集すれば自動的に同期が実行され、クラウド上のファイルにも変更が反映されます。

　スマートフォンやタブレット向けのアプリも用意されており、外出先からのファイル閲覧・編集も容易です。

■Webブラウザ上でOneDrive内のファイルにアクセス

◉ OneDriveアプリ

　OneDriveに保存したファイルをパソコンのストレージと同期させるには、**「OneDrive」アプリ**をインストールする必要があります。アプリはWebブラウザで開いたOneDriveの画面からダウンロードできます。

　アプリの設定画面では、同期するフォルダを選択することもでき、ストレージの容量が少ないパソコンでも、効率的にOneDrive内のファイルを同期させることが可能になっています。

■ OneDriveと同期するフォルダを選択

　同期が完了すると、パソコンの「OneDrive」フォルダにOneDrive内のファイルが表示されます。同期設定を行わなかったファイル／フォルダも表示されており、ファイルを開くとクラウドからダウンロードされます。ローカルに保存されているかはフォルダの「状態」欄に表示されるアイコンの形状で確認できます。たとえばローカルに保存されていれば ⊘ アイコンが、クラウド上に保存されていれば ☁ アイコンが表示されます。

■ パソコンにOneDrive内のファイルが表示

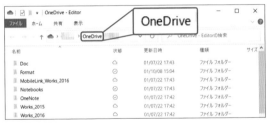

　OneDriveには、**SharePoint Online の機能を活用したファイル共有機能が搭載**されています。特定のファイルやフォルダをほかのユーザと共有させることが可能です。Webブラウザで OneDrive 画面を開き、共有したいファイル（フォルダ）のメニューアイコンから「共有」を選択します。

■フォルダのメニューアイコンから「共有」を選択

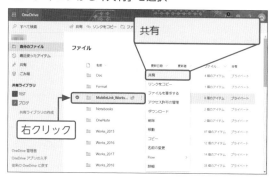

　以上の操作で「リンクの送信」ウィンドウが表示されます。共有したい相手のメールアドレスを入力して「送信」をクリックすれば、ファイル／フォルダへのリンク（URL）が書かれたメールが送信されます。

■共有ファイル／フォルダへのリンクをメール送信

　「リンクの送信」ウィンドウ上部のメニューをクリックすると、リンクを使用できる対象ユーザを設定できます。同じドメインのユーザに設定しておけば、

リンクが漏えいした場合にアクセスされることを防げます。また、「編集を許可する」のチェックを外して閲覧専用にしたり、有効期限やパスワードを設定したりすることも可能です。

■ 共有（リンク）に対して細かな設定が可能

　SNSやチャットなどで共有リンクを伝えたい場合は、「リンクの送信」ウィンドウで「リンクのコピー」をクリックします。クリップボードにリンクがコピーされるので、チャット画面などでペーストします。

■ リンクをコピーして共有相手に送る

まとめ

▶ **OneDriveを使えばクラウド上でファイルを管理できる**

▶ **Wndowsパソコンと同期してファイルを利用することも可能**

▶ **共有機能でほかのユーザとファイル共有も簡単**

37 | Microsoft Teams

Microsoft 365 が提供するツールやサービスの "ハブ" となるコラボレーションツール
が「Microsoft Teams」です。テキストチャットや音声通話、ビデオ会議、大規模オ
ンラインイベントに活用できるほか、アプリやファイルの連携も可能です。

● ハブとなるコラボレーションツール

Microsoft Teams は、Microsoft 365 のチームやゲストユーザとの連携を強
化します。効果的な**テレワークを実現するビデオ会議（オンライン会議）**をは
じめ、1対1もしくはグループ全体のコミュニケーションを円滑に行うための
機能が満載されています。ファイルの共有や共同作業、ほかのアプリとの連携
にも対応しています。

■ Microsoft Teams のおもな機能

| オンライン会議 | ライブイベント | 音声通話 | グループチャット |

| ファイル連携 | アプリ連携 | インスタントメッセージ |

⚫ さまざまなデバイスで利用可能

Windowsパソコン向けのデスクトップアプリをはじめ、Webブラウザで利用できるWebアプリ、Andorid、iOS向けのモバイルアプリなどが用意されており、社内ネットワークだけでななく、社外のモバイルネットワークからの利用も可能です。アプリは無料で使えるため、複数のデバイスそれぞれにインストールして、シーンに応じて使い分けられます。

■ Windows版デスクトップアプリ

■ iOS向けアプリ

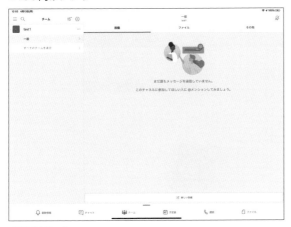

(画面はiPad)

■ Android向けアプリ

● チームのコミュニケーションを促進

Microsoft Teamsでは、**チーム単位のコミュニケーション・コラボレーションが基本**です。同組織のMicrosoft 365ユーザであれば、簡単にチームを作成して各種機能を利用することができます。外部のユーザをゲストとして参加させることも可能です。

■ Microsoft Teamsでチームを作成

通話やチャット、ビデオ会議などの機能が搭載されており、場所を問わないコミュニケーション環境を実現します。在宅勤務やサテライトオフィス、フリーアドレスの実現も強力に支援してくれます。

■ 音声通話も簡単に行える

194

● ファイルの共有と共同作業

Microsoft 365ユーザが使えるオンラインストレージ **OneDriveと連携**でき、チームで共有したファイルを共同編集するのも容易です。BoxやDropboxなど他社製オンラインストレージとも連携できます。また、ほかのアプリやクラウドサービスとの連携にも対応し、さまざまな作業を1カ所に集約できます。

■ OneDrive内のファイルを共有可能

まとめ

▶ **Teams**ではインスタントメッセージ、ビデオ会議、音声通話などコミュニケーションツールを集約

▶ パソコン、スマートフォン、タブレット向けのアプリを用意

▶ ファイルの共有やアプリ連携にも対応

38 | Officeアプリ

Microsoft 365を導入すると、ExcelやWord、PowerPointといったOfficeアプリが使えるようになります。デスクトップアプリをはじめ、Webアプリやモバイルアプリリも用意。作成したファイルを複数のユーザと共同編集することもできます。

● 複数のデバイスでOfficeアプリを利用

Microsoft 365のWebサイトにログインすれば、Webアプリ版Excel、Word、PowerPointなどの利用を開始できます。契約プランによっては、5台までのパソコンにデスクトップ版Officeアプリをインストールでき、さらにAndroid、iOSに対応したモバイルアプリも利用可能になります。このため、使用するデバイスを気にすることなくOfficeアプリを使った業務が行えます。デバイスごとにOfficeアプリを購入するより低コストで環境を構築できるのも魅力です。

■ Microsoft 365のWebサイトからOfficeアプリを起動

● 共同編集

Microsoft 365のアカウントでOfficeアプリを使用すると、**作成したファイルはOneDrive上に保存**され、共有機能で**チーム内のファイル共有や共同編集が**

簡単に**実現**します。

　また、ファイルを共有するユーザの指定や、編集の許可・不許可、アクセスできる期間、パスワードの設定、ダウンロードの禁止など詳細な設定が可能です。安全性を保ちながら共同作業を進められます。

■ 作成したファイルを共有する／対象ユーザをはじめ詳細な共有設定に対応

まとめ

▶ **Microsoft 365のWebサイトからWeb版のOfficeアプリが利用できる**

▶ **プランによっては複数のパソコンにデスクトップ版Officeアプリをインストール可能**

▶ **OneDriveの機能を使ったファイル共有や共同編集に対応**

39 セキュリティと コンプライアンス

クラウドサービスであるMicrosoft 365には、さまざまな脅威から組織やユーザを守るためのセキュリティ機能が用意されています。スパム、マルウェア、フィッシング詐欺などに対応し、安全性を担保しながら業務を行えるようになります。

◎ メール経由の脅威を防ぐセキュリティ対策機能

　企業やユーザを狙うサイバー攻撃の大半はメールを経由するタイプです。このため、Microsoft 365にはスパム対策をはじめ、マルウェア、フィッシング詐欺などに対処できる**セキュリティ対策機能が搭載**されています。

　さらに、脆弱性を突いたゼロディ攻撃やランサムウェアといった高度な攻撃からの防御を支援する**Office 365 Advanced Threat Protection（ATP）機能も用意**されており、安心して利用することができます。

■ スパムメールを検出して隔離

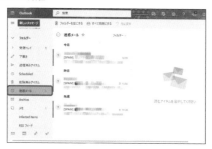

◎ 重要データを保護してコンプライアンス強化

　企業が扱う重要データは増加する一方です。個人情報の保護を求める規制が数多く策定されている昨今、企業コンプライアンスの観点からもデータ保護体制の構築は必須と言えます。

　Microsoft 365には、データの漏えいを防止するための機能や、重要データ

へのアクセス制御機能が搭載されています。各種規制に対応する**セキュリティ
コントロール**と**プライバシーコントロール**も組み込まれており、コンプライア
ンスの強化も実現します。

■ コンプライアンスセンターのアクセス許可画面

■ OneDriveのコンプライアンス管理画面

まとめ

▶ **Microsoft 365にはスパムやマルウェア、フィッシング詐欺な
どの脅威をシャットアウトする機能がある**

▶ **メール経由の巧妙化したサイバー攻撃に対応するOffice 365
Advanced Threat Protection（ATP）機能も搭載**

▶ **重要データの保護機能も備え、コンプライアンスの強化を実現**

40 そのほかのアプリと アドイン

Microsoft 365に含まれているアプリは、ここまで紹介してきたものだけではありません。業務の効率化や生産性の向上を支援する多種多様なアプリを利用可能です。プランやユーザの確認・変更が行える「管理センター」も用意されています。

● 利用できるアプリ

　契約プランによって異なりますが、Microsoft 365で使えるアプリは多岐に渡ります。Webサイトにログインすれば、アプリの一覧を確認することができます。

　本章で紹介してきたアプリをはじめ、インターネット経由でアンケートや投票を簡単に実行できる「Forms」や、新感覚のプレゼンアプリ「Sway」、ユーザの業務を分析・可視化する「MyAnalytics」など、業務に役立つアプリが取り揃えられています。

■ Microsoft 365のアプリ一覧画面

　Microsoft 365の運用・管理を行うアプリも用意されています。**「管理センター」**では、ユーザの管理やサブスクリプションの確認・変更などが行えるほか、カスタムドメインも簡単に設定できます。所有するドメインの設定はもちろん、

管理センターの画面から**ドメインを購入**することもできます。

■ 管理センター画面でカスタムドメインを設定

Microsoft 365は、サードパーティ製の業務アプリやクラウドサービスの**ア
ドインも多数用意**されています。アドインを利用することで、これまでの業務
アプリ環境を維持したままMicrosoft 365を導入・活用できます。

■ Microsoft 365のアドイン覧画面

まとめ

▶ **Microsoft 365では業務を支援する数多くのアプリを利用可能**

▶ 運用・管理を効率化する「管理センター」も利用可能

▶ サードパーティ製業務アプリと連携するアドインも充実

本章で紹介してきたとおり、2020年春より Office 365 のプランが「Microsoft 365」に
名称変更されました。ただし、それ以前より大企業向けの Microsoft 365 ソリューショ
ンが存在しています。

　大企業向け Microsoft 365 Enterprise（E3／E5）は、「Office 365 E3／E5」と企業向けの
Windows OS となる「Windows 10 Enterprise」、統合型セキュリティ対策サービス
「Enterprise Mobility + Security（EMS）」の3つがパッケージ化された製品になります。
モバイル・クラウド環境のセキュリティを大幅に強化することができ、クラウド型の
ディレクトリサービス「Azure Active Directory Premium」も含まれています。

　業務環境の本格的なクラウド移行に取り組みたいのならば、Microsoft 365 Enterprise
を選択するのも有効です。

■ Microsoft 365 Enterprise を構成する3つのソリューション

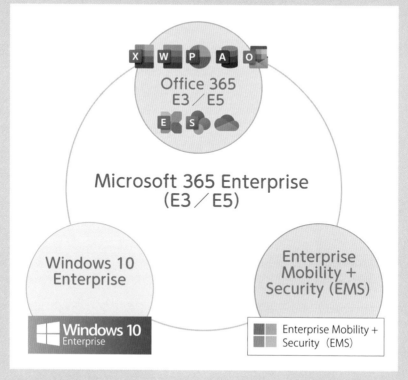

6章

▼

ネットワークの
運用管理

ネットワークは、構築したあとも定常的・非定
常的な作業が発生します。また、通信できない
などのトラブルが発生したときは、原因を調査
して対処する必要もあります。本章では、ネッ
トワーク構築後の運用管理について説明しま
す。

41 LANスイッチの運用管理

LANスイッチは、VLANを変更するなどの設定変更作業以外にも、変更した設定を
バックアップする、再起動するなどの作業も発生します。ここでは、ネットギア製
スマートスイッチを例に、LANスイッチの運用管理について説明します。

● LANスイッチ設定のバックアップとリストア

　GS108Tを例に、設定の**バックアップ**方法を説明します。バックアップは、「メ
ンテナンス」→「エクスポート」→「HTTPファイルエクスポート」で行います
❶〜❸。

■ GS108Tの「HTTPファイルエクスポート」画面

　「ファイルタイプ」でテキスト設定を選択し❹、「適用」をクリックすると❺、
設定内容がパソコンにバックアップされます。

保存したファイルは、メモ帳などで開けるテキスト形式です。このため、設定内容を書き換えて、ほかのGS108Tに反映させることができます。また、GS108Tが故障して交換したときは、バックアップしていたファイルを利用して設定を復旧（リストア）させることもできます。

　リストアは、「メンテナンス」→「更新」→「HTTPファームウェア/ファイルアップデート」で行えます❶〜❸。

■ GS108Tの「HTTPファームウェア/ファイルアップデート」画面

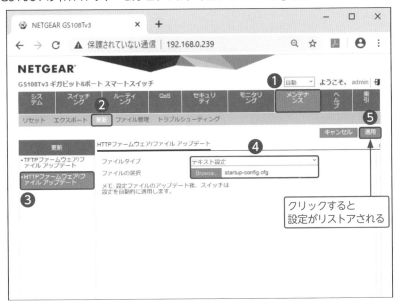

　「ファイルタイプ」でテキスト設定を選択し、「ファイルの選択」でBrowseをクリックしたら、パソコンに保存しているファイルを選択します❹。「適用」をクリックすると❺、設定がリストアされます。

　なお、リストアではGS108Tが再起動するため、通信が途切れます。

● LANスイッチのファームウェアをアップデートする

　LANスイッチは、**ファームウェア**というソフトウェアで動作しています。ファームウェアは、セキュリティの脆弱性対応や新機能追加などで新しいバージョンが公開されるため、必要に応じて**アップデート**を行います。ファームウェア自体は、LANスイッチのサポートサイトなどからダウンロードできます。

　GS108Tでは、ファームウェアのアップデートも「HTTPファームウェア／ファイルアップデート」画面で行えます。「ファイルタイプ」でソフトウェアを選択し、「イメージ名」でimage2を選択します。Browseをクリックしてパソコンに保存しているファームウェアのファイルを選択し、最後に「適用」をクリックすると、アップデートが開始されます。

　なお、ファームウェアはimage1とimage 2の2か所に保存できます。最初は、image1で動作しています。このため、「ファイル管理」→「デュアルイメージ」→「デュアルイメージ設定」で動作するイメージを切り替えます❶〜❸。

■ GS108Tの「デュアルイメージ設定」画面

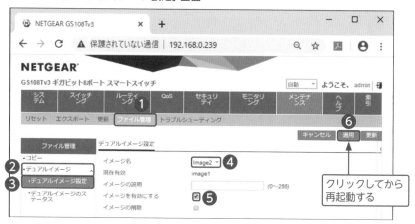

　「イメージ名」でimage2を選択し❹、「イメージを有効にする」にチェックを入れます❺。「適用」をクリックして❻、再起動すると新しいファームウェアが利用できます。なお、「現在有効」がimage2の場合は、アップデートはimage1に対して行い、image1で動作するように切り替えます。

◉ LANスイッチの再起動と初期化

Webブラウザの画面から、装置の**再起動**ができます。再起動は、「メンテナンス」→「リセット」→「スイッチの再起動」で行います❶〜❸。

■ GS108Tの「スイッチの再起動」画面

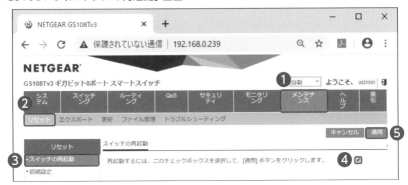

右のチェックボックスにチェックを入れ❹、「適用」をクリックすると❺、装置が再起動します。

また、「スイッチの再起動」下にある「初期設定」では、装置の設定を**初期化**することもできます。

再起動、初期化ともに、装置前面のResetボタンでも行えます。Resetボタンを2秒押すと再起動、5秒押すと初期化になります。Factory Defaultsボタンが別にある機種では、Factory Defaultsを数秒押すと初期化ができます。

> ### ✏ まとめ
>
> ▷ **ネットワーク機器の運用保守には設定のバックアップやリストア、ファームウェアのアップデートなどがある**
>
> ▷ **ファームェアが2か所に保存できる場合、現在動作していない方にアップデートして動作するイメージを切り替える。もし新しいファームウェアで起動できなかった場合、今までのファームウェアを利用して起動できる**

42 ルータの運用管理

ルータも、LANスイッチと同様に設定をバックアップする、装置を再起動するなどの作業が発生します。ここでは、ヤマハ製インターネット接続ルータを例に、ルータの運用管理について説明します。

● ルータ設定のバックアップとリストア

　ヤマハ製インターネット接続ルータでは、USBメモリを利用すると設定内容のバックアップとリストアが簡単に行えます。

　NVR510を例に、まず**バックアップ**から説明します。

　USBメモリをNVR510に挿入したら、Webブラウザの画面で「管理」→「保守」→「CONFIGファイルの管理」の順に選択します❶〜❸。

■ NVR510の「CONFIGファイルの管理」画面

　上記画面で、「CONFIGファイルのエクスポート」右にある「進む」をクリックすると❹、次の画面が表示されます。

■ NVR510の「CONFIGファイルのエクスポート」画面

「エクスポートするファイル」は、config0とconfig1から選べます❶。NVR510では、設定を2か所に保存することができます。このconfig0とconfig1を切り替えて、動作させることもできます。デフォルトは、config0で動作しています。

「エクスポート先のファイル」では、USBメモリを選択してファイル名を入力します❷。USBメモリ以外では、microSDカードにも保存可能です。

「確認」をクリックすると❸、確認画面が表示されるので、「実行」をクリックすると設定がバックアップされます。

リストアは、「CONFIGファイルの管理」画面で「CONFIGファイルのインポート」右にある「進む」をクリックすると行えます。USBメモリに保存しているインポートファイルを選択し、インポート先（config0かconfig1）を選択してリストアを行います。

リストア後は装置が再起動するため、通信が途切れます。

なお、リストアは本体のボタンでも行えます。USBボタンまたはmicroSDボタン（利用している方）を押したまま、DOWNLOADボタンを3秒間押し続けるとリストアが行えます。この方法は、バックアップするときにファイル名を「config.txt」で保存しておく必要があります。

● ルータのファームウェアをアップデートする

NVR510は、ネットワーク経由で**ファームウェアのアップデート**ができます。

アップデートは、「管理」→「保守」→「ファームウェアの更新」の順に選択して行います❶～❸。

■ NVR510の「ファームウェアの更新」画面

「ネットワーク経由でファームウェアを更新」下にある「進む」をクリックすると❹、現在のファームウェアと最新ファームウェアのリビジョン（バージョン）が表示されるので、「実行」をクリックします。次の「ソフトウェアライセンス契約」の画面で「同意する」をクリックすると、アップデートが実行されます。

アップデート後は装置が再起動されるため、通信が途切れます。

なお、この画面で「外部メモリからファームウェアを更新」下にある「進む」をクリックすると、USBメモリに保存してあるファイルを使ってアップデートができます。

ファームウェアは、Webブラウザでヤマハの公式サイト（http://www.rtpro.yamaha.co.jp/RT/firmware/index.php）に接続してダウンロードできるため、事前にUSBメモリに保存しておきます。

● ルータの再起動と初期化

NVR510は、Webブラウザから装置を**再起動**できます。再起動は、「管理」→「保守」→「再起動と初期化」の順に選択して行います❶〜❸。

■ NVR510の「再起動と初期化」画面

「再起動」下の「進む」をクリックすると❹、再起動後に利用する設定情報（config0かconfig1）を選択する画面が表示されます。選択後に、「確認」をクリックすると確認画面が表示されるので、「実行」をクリックすると再起動します。

設定の**初期化**は、「再起動と初期化」画面で「初期化」の下にある「進む」をクリックして行います。パスワードを入力して「確認」をクリックし、表示される確認画面で「実行」をクリックすると初期化されます。また、パスワードがわからなくなってログインできないときは、本体の「INIT」ボタン（RTX830ではDOWNLOAD、microSD、USBの3つのボタンを同時に）を押しながら電源を入れることでも初期化ができます。

なお、設定が初期化されるとIPアドレスも変更されるため、Webブラウザでの接続が途切れる可能性があります。このときは、パソコンを再起動してDHCPでIPアドレスを再取得するなど、NVR510と通信可能にする必要があります。

まとめ

　▷ **パスワードがわからなくなったときは、装置のボタンで初期化できる**

43 運用管理ツール

ネットワークの運用管理では、通信確認したりトラブルの原因を調査したりすることがあります。そのようなときは、コマンドやソフトウェアを利用します。ここでは、運用管理に便利なツールを紹介します。

● pingコマンド

ネットワークの運用管理でもっとも基本的なツールが、**pingコマンド**です。pingは、通信を確認するためのコマンドです。Windows 10では、「スタートボタン」→「Windowsシステムツール」→「コマンド プロンプト」を選択して実行します。

```
C:¥>ping 192.168.100.1

192.168.100.1に ping を送信しています 32 バイトのデータ：
192.168.100.1 からの応答： バイト数 =32 時間 =11ms TTL=54
192.168.100.1 からの応答： バイト数 =32 時間 =11ms TTL=54
192.168.100.1 からの応答： バイト数 =32 時間 =12ms TTL=54
192.168.100.1 からの応答： バイト数 =32 時間 =12ms TTL=54

192.168.100.1 の ping 統計：
    パケット数： 送信 = 4、受信 = 4、損失 = 0 (0% の損失)、
ラウンド トリップの概算時間 (ミリ秒)：
    最小 = 11ms、最大 = 12ms、平均 = 11ms
```

コマンドプロンプトで「ping 通信先IPアドレス（ここでは、192.168.100.1）」を実行すると、指定のIPアドレスとの通信確認が行えます。11msなどは、相手からの応答時間です。

上記例では、損失=0のため4回送信したパケットは、すべて通信先から応答があったことになります。応答がなかった場合は、損失の数が表示されます。

また、「ping -t 通信先IPアドレス」のように-tを入れて実行すると、継続して通信確認を行います。停止するときは、Ctrlキー＋Cキーを押します。通信が不安定で、一定時間でどの位損失があるか確認するときなどに使います。

● tracertコマンド

tracertコマンドは、どこで通信が途絶えているか確認するときに使います。tracertは、pingと同じくコマンドプロンプトで実行します。

```
C:¥>tracert 192.168.40.1
192.168.40.1 へのルートをトレースしています
経由するホップ数は最大 30 です：

1    1 ms    1 ms    5 ms   router_A.example.com [192.168.10.1]
2   26 ms    8 ms    8 ms   router_B.example.com [192.168.20.1]
3    9 ms    9 ms    9 ms   router_C.example.com [192.168.30.1]
4   20 ms   19 ms   19 ms   server.example.com [192.168.40.1]

トレースを完了しました。
```

「tracert 宛先IPアドレス」で実行します。上記は、IPアドレス192.168.40.1を宛先にしていますが、192.168.10.1→192.168.20.1→192.168.30.1を順にとおってたどり着いていることを示しています。

■tracertのしくみ

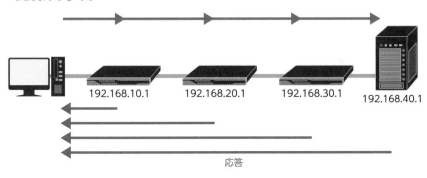

応答

途中で通信が途絶えていると、応答時間の部分（26msなどの部分）が*で表示されます。なお、router_A.example.comなどと表示されていますが、これはDNSを利用しています。DNSサーバがないときは、タイムアウトするまで待つことになるため、表示が遅くなります。このようなときは、tracert -d 192.168.40.1など-dを付けて実行すると、表示が速くなります。DNSを使わなくなるためです。

● arp コマンド

arp コマンドを使うと、ARP通信によって取得したIPアドレスとMACアドレスの組み合わせを表示できます。arpもコマンドプロンプトで実行します。

```
C:¥>arp -a
インターフェイス : 192.168.1.2 --- 0x10
インターネット アドレス      物理アドレス         種類
192.168.1.1    11-ff-11-ff-11-ff        動的
192.168.1.3    ff-11-ff-11-ff-11        動的
```

上記の-aは、現在のARPのエントリを表示するオプションです。また、IPアドレス192.168.1.1のMACアドレスは11-ff-11-ff-11-ff、192.168.1.3のMACアドレスはff-11-ff-11-ff-11であることを示しています。

ARP通信で取得したMACアドレスは、しばらく**ARPテーブル**にキャッシュ（記憶）されます。arpコマンドは、このARPテーブルを表示しています。

通信する際は、ARPによってMACアドレスを確認したあとにフレームを送信しますが、すでにARPテーブルにあるMACアドレスの場合、ARPによる確認を行わずに通信が開始できます。

■ 最初の通信とARPテーブルにキャッシュされたあとの通信

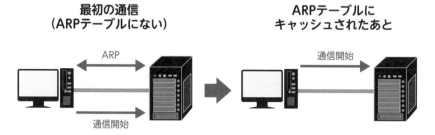

なお、arp -dコマンドでARPテーブルを削除できます。このオプションは、管理者権限で実行する必要があるため、コマンドプロンプトを実行する際に、「コマンド プロンプト」を右クリックで選択→「その他」→「管理者として実行」を選択する必要があります。

● nslookup コマンド

nslookup コマンドを使うと、DNSを利用してFQDNに対応するIPアドレスを表示することができます。nslookupもコマンドプロンプトで実行します。

```
C:¥>nslookup www.example.jp
サーバー : ns1.exapmle.com
Address: 192.168.100.1

権限のない回答 :
名前 : www.example.jp
Addresses: 203.0.113.3
```

「nslookup FQDN」で実行します。上記は、FQDNのwww.example.jpを問い合わせていて、IPアドレスが203.0.113.3であると回答を得ています。これは、**正引き**と言われます。正引きは、DNSサーバに「www IN A 203.0.113.3」などと記述して、FQDNからIPアドレスへの変換に使います。このようなFQDNからIPアドレスへの変換に使う記述は、Aレコードと呼ばれます。

権限のない回答と表示されていますが、これはDNSキャッシュを利用した応答であることを示しています。インターネット接続ルータがDNSキャッシュサーバになっていた場合、パソコンからインターネット接続サーバに問い合わせを行い、キャッシュされた情報を回答してもらっていることになります。

nslookupコマンドは、IPアドレスを指定してFQDNを表示することもできます。

```
C:¥>nslookup 203.0.113.3
サーバー : ns1.example.com
Address: 192.168.100.1

名前 :     www.example.jp
Address: 203.0.113.3
```

これを**逆引き**と言います。逆引きは、DNSサーバに「3 IN PTR www.example.jp.」などと記述して、IPアドレスからFQDNへの変換に使います。このようなIPアドレスからFQDNへの変換に使う記述は、PTRレコードと呼ばれます。

◯ Tera Term

Tera Term は、無料で利用できるオープンソースのターミナルソフトウェアです。Tera Termを利用して、パソコンからルータなどにログインできます。ログインすれば、Webブラウザからは設定できないような機能が使えたり、コピー&ペーストでコマンドを実行したりできます。

Tera Termは、以下からダウンロードできます。

https://ja.osdn.net/projects/ttssh2/

インストールは、ダウンロードしたファイルをダブルクリックして、基本的には画面の指示に従って進めていくと完了します。インストール後に起動すると、以下の画面が表示されます。

■ Tera Termの「新しい接続」画面

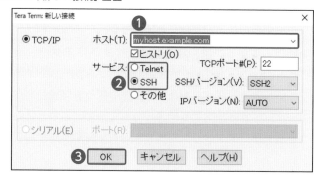

「ホスト」部分に、接続先のIPアドレスかホスト名を入力します❶。「サービス」部分は、Telnetを選択すると暗号化せずに、SSHを選択すると暗号化して通信を行います。接続先がサポートしている方を選択する必要があります❷。

本書で紹介しているNVR510に接続するためには、デフォルトの状態であれば以下のとおりに入力・選択します。

・ホスト　　：192.168.100.1
・サービス：Telnet

「OK」をクリックすると❸、次ページの画面が表示されます。

216

■ NVR510にTera Termで接続直後の画面

```
Ⅶ Tera Term - 192.168.100.1                    —   □   ×
ファイル(F)  編集(E)  設定(S)  コントロール(O)  ウィンドウ(W)  ヘルプ(H)
Password:
```

　上記画面で、設定したパスワードを入力するとログインできます。初期状態
ではパスワードが設定されていないため、そのまま[Enter]キーを押すとログイ
ンできます。ログイン後のプロンプトは、以下で最後のように「>」です。

```
NVR510 Rev.15.01.02 (Tue Feb  7 14:05:28 2017)
Copyright (c) 1994-2016 Yamaha Corporation. All Rights
Reserved.
To display the software copyright statement, use 'show
copyright' command.
11:ff:11:ff:11:ff, ff:11:ff:11:ff:11
Memory 256Mbytes, 2LAN, 1ONU
>                              ←ここでコマンドを実行する
```

　ログイン後は、administratorコマンドを実行すると管理者モードになって、
設定や情報の表示が行えます。プロンプトも「>」から「#」に変わります。管
理者モードに移行するときはパスワードを聞かれます。初期状態の場合は、そ
のまま[Enter]キーを押します。
　なお、SSHで接続するためには、いったんTelnetで接続して以下のコマンド
を設定する必要があります。

```
login user user01 password
sshd host key generate
sshd service on
```

　上記では、user01を作成してパスワードをpasswordに設定しています。
sshd host key generateは、暗号化のための鍵を作成しています。sshd service
onは、SSHで接続できるようにサービスを有効にしています。
　以上の設定で、Tera TermでSSHを選択してログインできるようになります。
その際、ユーザ名とパスワードを聞かれますが、上記で設定したものを使いま
す。

◯ ExPing

ExPingは、pingやtracertをGUI（Graphical User Interface）から実行できるツールです。フリーソフトのため、自由にダウンロードして無料で利用できます。ダウンロードは、以下のURLから画面左のメニューにあるリンクをクリックすることで行えます。

http://www.woodybells.com/

ダウンロードするだけでインストールは不要ですが、圧縮されているため解凍が必要です。解凍は、以下からダウンロードできる7-Zipなどを使います。

https://sevenzip.osdn.jp/

解凍したフォルダの中に、ExPingというアプリケーションファイル（ExPing.exe）があるので、ダブルクリックすると起動できます。起動後は、以下の画面が表示されます。

■ ExPingの「対象」画面

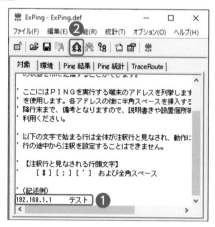

上記画面で（記述例）から下に表示されているIPアドレスを消去して、ping先のIPアドレスを記述します。スペースで区切ったあとに、コメントを入力します。ホスト名などを記述すると、わかりやすいでしょう❶。

「Ping実行」のアイコンをクリックすると❷、pingが実行されます。

■ ExPingの実行中

「Ping結果」画面に切り替わり、応答があれば「○OK」、応答がなければ「×NG」と表示されます。ステータス部分には、応答時間も表示されます。「中断」のアイコンをクリックすると、停止します。「ping統計」タブをクリックすると、実施回数、失敗回数、失敗率が参照できます。

「環境」タブをクリックすると、pingの実行間隔や繰り返し回数を設定できます。

なお、「対象」画面で改行して複数IPアドレスを記述すると、順番にpingを行って結果を表示します。このため、イントラネット内にあるすべてのLANスイッチやサーバのIPアドレスを設定しておけば、設定変更やトラブル対応したあとに実行すると、一度に通信確認ができます。

また、「TraceRoute実行」アイコンをクリックすると、tracertコマンドと同じように経路途中からの応答を確認することもできます。

✏️ **まとめ**

▸ 運用管理では ping、tracert、arp、nslookup コマンドなどを使う

▸ TeraTerm を利用すると装置にログインしてコマンドを実行できる

▸ ExPing を利用すると ping や tracert を GUI から実行できる

ログの利用

ルータやLANスイッチでは、本体のLEDが赤に点灯したり点滅したりすることがあります。これは何かしらのエラーを示しているのですが、LEDだけでは詳細は不明です。ここでは、ログの利用方法について説明します。

● ログ

　エラーなどの詳細情報は、**ログ**で確認できます。ログは、エラーだけでなく正常にISPと接続できたなどの情報も確認できます。

　以下は、NVR510のログ表示例です。

■ NVR510ログ表示例

```
2019/12/10  11:32:32: Login succeeded for HTTP: 192.168.100.2
2019/12/10  11:32:32: 'administrator' succeeded for HTTP:
192.168.100.2
2019/12/10  11:32:33: Configuration saved in "CONFIG0" by HTTPD
2019/12/10  11:32:49: LAN1: PORT2 link down
2019/12/10  11:32:49: LAN1: link down
2019/12/10  11:32:54: LAN1: PORT2 link up (1000BASE-T Full
Duplex)
2019/12/10  11:32:54: LAN1: link up
```

　最初に、192.168.100.2からログインがあったことがわかります。また、LAN1のポートは11時32分54秒に1000BASE-Tの全二重でアップしていることもわかります。

　この時間は、「かんたん設定」→「基本設定」→「日付と時刻」などでNVR510本体に設定した日時です。日時がずれていると、間違った時間でログを表示してしまうため、日時はできるだけ正確にしておく必要があります。

　また、エラーがあったときもログに表示されるため、通信できないなどのトラブルが発生した際、ログを確認すると原因調査に役立ちます。

⦿ Syslog

　ログは、頻繁に増えていきます。LANスイッチやルータなどのネットワーク機器は、ログをそれほど多く保存できません。ログが一杯になると、ログを書き込まなくなるか、古いものから上書きしてしまいます。

　このため、トラブルが発生したあとでログを確認しても、ログに残っていないこともあります。

　ログは、サーバに転送することができます。このサーバを**Syslogサーバ**と呼びます。Syslogサーバに転送しておけば、サーバの保存領域が一杯になるまでログが保存できます。

　また、以下のように**ファシリティ**によって分類することもできます。

■Syslogのファシリティによる分類

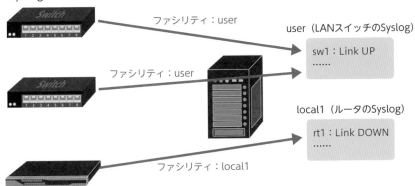

6
ネットワークの運用管理

　LANスイッチやルータでは、SyslogサーバのIPアドレスとファシリティを設定します。そのとき、LANスイッチのように台数が多いものは同じファシリティにして、そのほかの機器と別ファイルに保存するようにできます。

　このようにすると、LANスイッチのログを1台1台確認しなくても、1つのファイルで確認できるようになります。また、ファシリティで別ファイルに分類することで、異なる機種のログが1つのファイルに混在しなくなり、あとで確認がしやすくなります。

　ファシリティの利用には決まりがありますが、ネットワーク機器でよく使われているファシリティは、userやlocal7など独自に利用できるものです。

● LANスイッチのログ確認とSyslogサーバ設定

　GS108Tのログは、「モニタリング」→「ログ」→「メモリーログ」で確認できます。ここで確認できるログはメモリに保存されているため、装置を再起動すると消えてしまいます。

　再起動しても消えないようにするためには、**フラッシュログ**を有効にします。設定は、「モニタリング」→「ログ」→「フラッシュログ」で行います❶～❸。

■ GS108Tの「フラッシュログ」画面

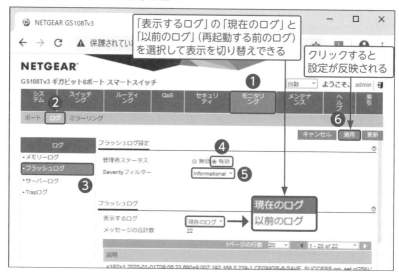

　「管理者ステータス」で有効にチェックを入れ❹、「Severityフィルター」を以下から選択します❺。

■ GS108Tのログレベル

ログレベル	意味
Emergency	システムが利用できない
Alert	すぐに対応が必要
Critical	致命的な状況
Error	エラー状態

Warning	警告レベル
Notice	正常だが、重要な情報
informational	情報
Debug	デバッグ用の詳細情報

　たとえば、ログレベルをErrorにすると、その上のCriticalからEmergencyについても保存されます。デフォルトは、Errorです。「適用」をクリックすると❻、フラッシュログに保存されるようになり、同じ画面下に表示されます。

　フラッシュログは、それほど多く保存できません。多くのログを保存しておくためには、以下のように「サーバーログ」で❶、Syslogサーバに転送する設定をします。

■ GS108Tの「サーバーログ」画面

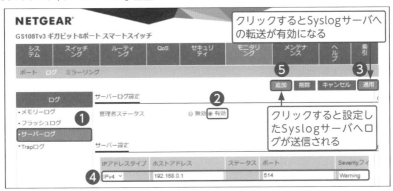

　「管理者ステータス」で有効を選択し❷、「適用」をクリックすると❸、Syslogサーバへの転送が有効になります。次に、「IPアドレスタイプ」でIPv4を選択して、「ホストアドレス」に転送先SyslogサーバのIPアドレスを入力します。「Severityフィルター」は、フラッシュログと内容は同じです❹。「追加」をクリックすると❺、設定したSyslogサーバへログが送信され始めます。

　なお、ネットギア製品のスマートスイッチでは、ファシリティはuserが使われています。

● インターネット接続ルータのログ確認とSyslogサーバ設定

NVR510のログは、画面右上の「TECHINFO」から参照できます❶。

■ NVR510の「TECHINFO」選択時の画面

「ブラウザで表示」を選択すると❷、Webブラウザで参照できます。「テキストファイルで取得」を選択すると❸、ファイルとして保存できます。

TECHINFOは、設定内容などさまざまな情報を含んでいます。ログを参照するためには、**show log部分を確認**します。

■ NVR510の「TECHINFO」画面

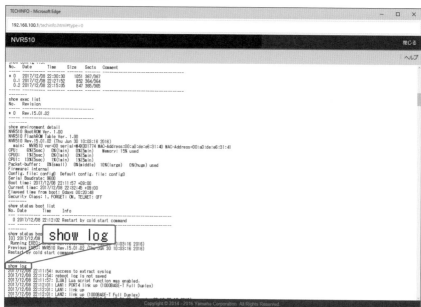

コマンドで確認するときは、show logコマンドでログを表示できます。

また、NVR510では保存するログのタイプが設定できます。コマンドでの設定は、以下のとおりです。

```
syslog notice on
syslog info on
syslog debug on
```

上記は、すべてのタイプを保存するように設定しています。デフォルトは、infoのみ有効です。

また、転送先のSyslogサーバは、以下のように設定します。

```
syslog host 192.168.100.10
```

上記で、192.168.100.10のIPアドレスを持つSysylogサーバに転送されます。ファシリティは、以下で設定できます。

```
syslog facility local1
```

上記で、ファシリティlocal1に設定されます。デフォルトは、userです。

なお、ファシリティ以外はWebブラウザでも設定できます。設定は、「管理」→「保守」→「SYSLOGの管理」の順に選択して行います。

設定内容はコマンドと同じで、「INFO」「NOTICE」「DUBUG」で保存したいタイプにチェックを入れます。また、「SYSLOGの宛先アドレス」部分にSyslogサーバのIPアドレスを設定します。

まとめ

▶ **ログは状態確認やトラブル調査などで利用する**

▶ **ログはSyslogサーバに転送することもできる**

▶ **ファシリティでログの内容を分類することができる**

45 トラブル対応方法

通信できないなどのトラブルが発生したときは、トラブル対応が必要です。トラブルの種類はさまざまで画一的な対応方法はありませんが、それでも基本的な手順はあります。ここでは、トラブル対応方法について説明します。

● トラブル対応手順

トラブルが発生したときは、**切り分け**、**原因調査**、**対処**の順に行うのが基本です。

■ トラブル対応手順

手順	説明
切り分け	どの装置がトラブルを発生させているか、特定します。
原因調査	特定した装置で、ハードエラーなどトラブルとなっている原因を調査します。
対処	ハードウェアを交換する、設定を変更するなどして、復旧させます。

いきなり対処方法がわかればすぐに解決できますが、ネットワークでは多くの機器を経由して通信しているため、どの機器が原因かわからないこともあります。そのためには、切り分けが必要です。

対処が終わったあとは、通信確認など必要なテストをして対処が有効なことを確認します。また、同じようなトラブルが発生することもあるため、対応したトラブル内容をまとめておくと、同じトラブルが発生したときに役立ちます。

次からは、トラブル対応の例を2つ示します。

○ pingとtracertで切り分けるトラブル対応

1つ目の例は、172.16.3.2のサーバと通信できないトラブルが発生した場合です。

■ 172.16.3.2のサーバと通信できない

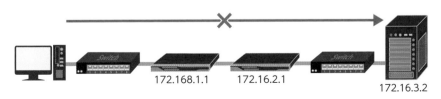

172.168.1.1　172.16.2.1　172.16.3.2

サブネットマスクは、255.255.255.0とします。また、各ルータとLANスイッチは、いずれもポート番号1と2を使っていて、そのほかのポートは使っていない前提とします。

①切り分け

サーバにpingを行って通信できないことを確認したら、tracertを実行してどこで通信が途切れているか確認します。

```
C:¥>tracert -d 172.16.3.2
172.16.3.2 へのルートをトレースしています
経由するホップ数は最大 30 です：

1    1 ms    1 ms    2 ms 172.16.1.1
2    3 ms    2 ms    3 ms 172.16.2.1
3    *       *       *       要求がタイムアウトしました。
```

上記により、172.16.2.1のルータまでは通信できていますが、サーバとの間で通信できていないことがわかります。このため、172.16.2.1のルータとサーバまでの間に原因があると判断できます。

②原因調査

172.16.2.1のルータで、**ポートの状態を確認**します。たとえば、GS728TPでは、「スイッチング」→「ポート」→「ポート設定」で確認できます❶～❸。

■ GS728TPの「ポート設定」画面

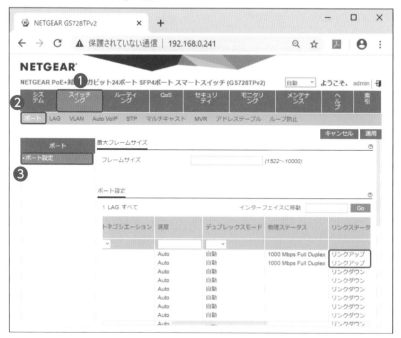

上記は、右にスライドさせたあとの画面です。ポート番号1と2（上から2つ）がリンクアップしているのが確認できます。今回は、ポート番号1と2を使っているため、問題ありません。

次に、L2スイッチでもポートの状態を確認します。もし、「リンクステータス」がリンクダウンになっていた場合、ケーブルが抜けている、またはケーブルが破損しているなどが原因として考えられます。

③対処

ケーブルが抜けていれば、挿します。また、ケーブルが抜けていない場合は、ケーブルを交換してみます。

まれに、一部のポートだけ故障することがあります。これは、ログを確認す

るとハードエラーなどが表示されていると思います。このようなときは、LANスイッチ本体の交換が必要ですが、一時的に別のポートで代替えすることも可能です。その場合は、VLANなどを元のポートと同じ設定にする必要があります。

④ トラブル対応のポイント

今回は、tracertによる切り分け、ポートの状態確認による原因調査と、もっとも基本的なトラブル対応方法を説明しました。

もし、トラブルが発生する直前に、ルータのルーティング設定を変更していた場合、原因調査ではルーティングテーブルの確認を行います。GS728TPでは、「ルーティング」→「ルーティングテーブル」→「ルート設定」で確認できます。

このように、トラブルが発生した直近に設定変更やケーブル接続変更などの作業をしていた場合、その作業が関連している可能性は疑うべきです。また、トラブルと関連がないと思ってもほかに原因が見当たらない場合は、念のため一度設定やケーブルなどを元に戻して、通信可能になるか確認するとトラブルが解消されることもあります。

なお、LANスイッチやルータでpingやtracertに応答しない機器もあります。このため、構築後にpingやtracertの情報を採取しておくと、トラブルが発生したときに比較できます。つまり、正常時とトラブル発生時の違いが比較できるため、どこに異常があるのか判断しやすくなります。

この判断が間違っていると、正常なのに異常かもしれないと思って間違った箇所を調査して、トラブル対応が長期化する要因になってしまいます。

何が正解か知っておくことは、トラブル解決における一番の近道です。

⬤ nslookupで切り分けるトラブル対応

2つ目の例は、Webブラウザでwww.example.comが表示できないトラブル
が発生した場合です。

■ www.example.comと通信できない

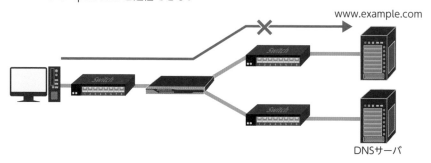

①切り分け

pingコマンドで、www.example.comとの通信確認を行います。

```
C:¥>ping www.example.com
ping 要求ではホスト www.example.com が見つかりませんでした。ホスト名を確認しても
う一度実行してください。
```

上記は、DNSを使ってwww.example.comがIPアドレスに変換できなかった
ことを示しています。このため、www.example.comとの通信ではなく、DNS
関連のトラブルと判断できます。

②原因調査

DNS関連のトラブルと判断できたため、nslookupコマンドで調査します。

```
C:¥>nslookup www.example.com
サーバー: ns1.exapmle.com
Address: 172.16.2.2

*** ns1.example.com が www.example.com を見つけられません : Non-
existent domain
```

上記は、FQDNに対応したIPアドレスの回答が得られなかった（DNSに登録

されていない) ことを示しています。

　ちなみに、以下のように表示された場合は、DNSサーバと通信できていないことを示しています。

```
C:¥>nslookup www.example.com
DNS request timed out.
    timeout was 2 seconds.
サーバー:  UnKnown
Address:  172.16.2.2

DNS request timed out.
    timeout was 2 seconds.
...
*** UnKnown への要求がタイムアウトしました
```

　この場合、先に説明したtracertなどを使ったトラブル対応で、DNSサーバとの通信を調査する必要があります。

③対処

　DNSに登録されていないため、自身がDNSサーバを管理している場合、www.example.comをAレコードに追加します。たとえば、WebサーバのIPアドレスが172.16.3.2だった場合、DNSサーバには「www IN A 172.16.3.2」を追記します。

まとめ

- ▶ トラブル対応には切り分け、原因調査、対処の手順がある
- ▶ 何が正解か知っておくとトラブル解決の近道になる

46 よくあるトラブル事例と恒久対策

ネットワークの運用中によく発生するトラブルは、対処方法を知っていれば対応も早くなります。また、再発を防止できると、運用コスト削減にもつながります。ここでは、よくあるトラブル事例と恒久対策について説明します。

● ARPテーブル

サーバやルータが故障したため、本体を交換したとします。

■ 故障したサーバを交換

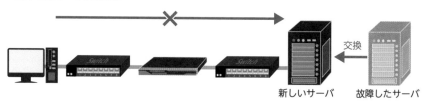

新しいサーバ　故障したサーバ

交換

　IPアドレスなどの設定は、故障前と同じにしたにもかかわらず、pingコマンドで通信確認しても応答がないことがあります。

　これは、ARPテーブルが原因の可能性があります。ARPテーブルは、IPアドレスとMACアドレスの対応を一定時間キャッシュするものです。pingに応答しないということは、ルータのARPテーブルで、故障したサーバのMACアドレスをキャッシュしている可能性があります。このため、すでに存在しないMACアドレスに対して通信を行おうとして応答がないことになります。

　ARPテーブルのキャッシュ時間は装置によって異なりますが、4時間など長い場合があります。この場合は、**ARPテーブルの削除**が必要です。たとえばGS728TPでは、「ルーティング」→「ARP」→「拡張」→「ARPエントリー管理」で行えます。また、装置を再起動しても削除可能です。

　MACアドレステーブルでも似た事象が発生しますが、MACアドレステーブルは保持時間が5分など短いため、すぐに通信できるようになります。

● DNSキャッシュ

レンタルサーバでWebサーバを公開していて、サーバを乗り換えたとします。
ドメインは継続して利用する場合、乗り換えたあとにWebブラウザから接続しても通信できないことがあります。

これは、DNSキャッシュがあるためです。DNSキャッシュは、FQDNとIPアドレスの対応を一定時間保持します。つまり、保持している元のレンタルサーバのIPアドレスを使って通信しようとしていることが原因です。

■ レンタルサーバを乗り換え

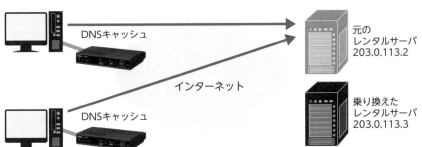

元のレンタルサーバを解約していると、存在しないサーバと通信しようとしていることになり、通信できません。また、DNSキャッシュは数日保持していることもあるため、長期間公開Webサーバが参照できない状態になります。

こうなると、DNSは世界中の機器でキャッシュされているため、対処は不可能です。

こうならないためには、**元のレンタルサーバをしばらく参照できるようにしておく**必要があります。世界中の機器でDNSキャッシュが削除されるにつれ、新しいレンタルサーバが参照されるようになります。また、DNSサーバの設定を変更できる場合は、事前にキャッシュされる時間（TTL [Time To Live] と言います）を短くすることでも対応できます。5分など短くしていれば、すぐに新しいレンタルサーバ側が参照されるようになります。

これは、オンプレミスの公開Webサーバを交換するときでも同様ですが、オンプレミスのときは新しいサーバで同じIPアドレスを設定できます。IPアドレスが同じであれば、DNSキャッシュが残っていても問題ありません。

● ブロードキャストストーム

　ブロードキャストは宛先がすべてのため、MACアドレステーブルでも送信するポートが限定されることがありません。このため、間違ってケーブルをループ状態で接続すると、フレームが永遠に回ってしまいます。

■ ネットワークのループ

フレームのループ

　このフレームは削除されることがなく、ブロードキャスト通信が発生するたびに増えていきます。すぐにLANスイッチの転送能力を超えるため、通信がほとんどできない状態になります。これを、**ブロードキャストストーム**と言います。

　ブロードキャストストームは、1つのLANスイッチでループ状態になったときだけでなく、2台以上のLANスイッチでループ状態になった場合も発生します。

■ 3台のLANスイッチでのループ

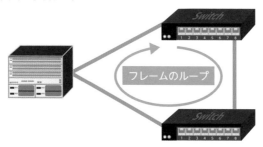

フレームのループ

　ブロードキャストストームが発生すると、LANスイッチにログインすることも難しくなります。また、ループが発生しているLANスイッチだけでなく、ほかのLANスイッチにも転送されて、ネットワーク全体の通信が困難になる

こともあります。

　ブロードキャストストームは、多くの人が使うネットワークではよく発生するトラブルです。プリンタに印刷できないためLANスイッチの横にあるケーブルを接続してみた、これだけでブロードキャストストームが発生する可能性があります。

　ブロードキャストストームが発生すると、ポートのLEDが目まぐるしく点滅します。通常の通信でもLEDは点滅しますが、通信しているポートだけが点滅します。ブロードキャストストームのときは、ループしているポートだけでなく、LinkUPしているすべてのポートでLEDが激しく点滅するところが見分けるポイントです。

■ ブロードキャストストームが発生したときのLANスイッチLED

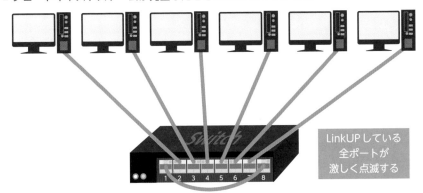

LinkUPしている
全ポートが
激しく点滅する

　可能であれば、正常時のLEDを事前に確認しておけば、ブロードキャストストームが発生したときにその違いに気づきやすくなります。

　なお、対処はループしているケーブルを外すことですが、どこでループしているかわからないこともあります。その場合、LEDが激しく点滅しているLANスイッチのケーブルを、いったんすべて外します。すでに、ほとんど通信できない状態であれば、ケーブルを外しても変わらないためです。

　ケーブルを外したら、ほかのLANスイッチで通信が回復することを確認します。その後、少し時間を空けながら、1本ずつ外したケーブルを接続し、LEDが激しく点滅したらそのケーブルがループの原因です。そのケーブル以外を接続して、通信が復旧することを確認します。

⬤ 恒久対策

　ブロードキャストストームが発生したときの対処は、ケーブルを外すことと説明しましたが、未然に防止することもできます。

　1つ目の方法は、**ループ検知**です。検知するためのフレームを定期的に送信して、自身に戻ってきたらループと判断してポートを遮断（使えないように）します。遮断すると、ブロードキャストストームが発生しません。

　ループ検知は、GS108Tの新機種（v3）で使えます。設定は、「スイッチング」→「ループ防止」→「ループ防止設定」で行えますが❶〜❸、デフォルトで有効です。

■ GS108Tの「ループ防止設定」画面

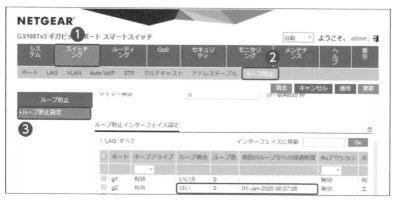

　もし、ループを検知した場合は「ループ検出」欄が＜はい＞になって、どのポートがループしているかわかるため、そのポートのケーブルを外します。

　遮断されたポートをほかの機器に接続して使うときは、「スイッチング」→「ポート」→「ポート設定」で復旧できます。「管理モード」で＜エラー無効＞になっているポートを＜有効＞にすると、通信できる状態に戻ります。

　ループを防ぐ2つ目の方法は、**ストームコントロール**です。ブロードキャスト通信が一定量になると、ポートを遮断できます。

　ストームコントロールもGS108Tで使えます。設定は、「セキュリティ」→「トラフィック管理」→「ストームコントロール」で行います❶〜❸。

■ GS108Tの「ストームコントロール」画面

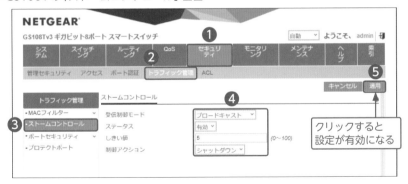

「受信制御モード」でブロードキャストを選択して、「ステータス」で有効を選択します。「しきい値」は、ブロードキャスト通信量をポート速度に対する%で設定します。「制御アクション」は、しきい値を超えたときの動作です。Trapを選択するとSNMPのTRAP（P.240参照）を送信し、シャットダウンを選択するとポートを遮断します❹。

「適用」をクリックすると❺、設定が有効になります。また、遮断されたポートを通信できるようにする手順は、ループ検知のときと同じです。

ループ検知とストームコントロールのように、ブロードキャストストームが発生してから対処するのではなく、未然に防いだりすることを**恒久対策**と言います。

トラブル対処したあとは、恒久対策も一緒に検討すると、運用していくうちにトラブルが発生しにくいネットワークになっていきます。

まとめ

▶ **ARPテーブルやDNSキャッシュなど一時的に保存している情報がある場合古い情報が使われてトラブルの元になる可能性がある**

▶ **恒久対策も検討するとトラブルの少ないネットワークにできる**

47 監視

トラブルが発生したとき、すぐに気づけると対応も早くできます。そのためには、ネットワークの監視が必要です。ここでは、死活監視、状態監視、SNMPについて説明します。

● 死活監視

死活監視とは、対象の機器と通信できるか監視することです。一般的にはpingを利用し、応答が返ってくると正常と判断します。

■pingによる死活監視

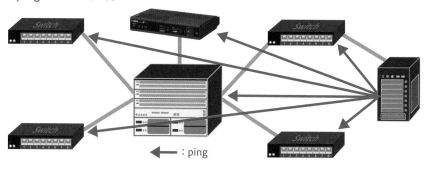

←　：ping

コアスイッチにようにルーティングしている場合、VLANに設定したすべてのIPアドレスを監視の対象とします。また、必要であればサーバも監視対象に入れます。

通常は、24時間動作しているサーバなどで監視しますが、規模が大きくない場合は、パソコンを起動したあと、ExPingなどを動作させておくことでも監視になります。「ping統計」を見て、失敗回数が増えていると障害と気付けます。なお、ネットワーク機器が正常に動作していても、たまにpingが失敗することがあります。このため、1〜2回失敗したとしても、すぐに復旧するのであればトラブルではありません。

● 状態監視

状態監視は、装置のCPUやメモリ、ポートのLinkUPなどを監視することです。NVR510では、「ダッシュボード」で状態を確認することができます。

■ NVR510の「ダッシュボード」画面

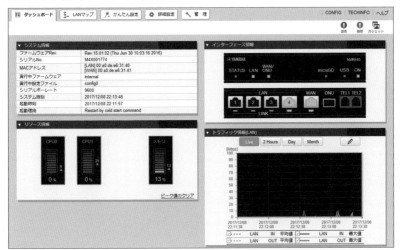

上記では、CPUやメモリはほとんど使われておらず、LANのポート4番もインターネットと接続しているWANも問題がないことがわかります。

GS108Tでも同様に、デバイスビューでグラフィカルな状態確認が行えます。デバイスビューは、「システム」→「デバイスビュー」の順に選択すると、表示されます。

なお、状態監視のほかに**サービス監視**も行うことがあります。サービス監視とは、たとえばWebサーバであれば、正常にWeb画面が表示されるか監視することです。

pingの応答があっても、Webサーバとして動作するためのアプリケーションが正常に動作していないことがあります。このようなときは、死活監視でトラブルを発見できなくても、サービス監視することで発見できます。

○ SNMP

SNMP（Simple Network Management Protocol）は、情報を収集できる**MIB**（Management Information Base）と、**障害発生などを通知するTRAP**によって監視を行います。

■ SNMPのしくみ

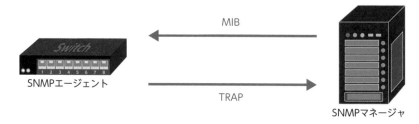

SNMPによって**監視される側をエージェント**、**監視する側をマネージャ**と言います。

マネージャは、エージェントに対してMIBの情報を要求（Read）します。たとえば、ホスト名（システム名）やポートがUP／DONWしている、通信量などの情報です。また、MIBによって状態を書き換える（Write）こともできます。TRAPは、装置に障害が発生したときなどエージェントからマネージャに通知します。

SNMP マネージャは、OSS（Open Source Software）の**Zabbix（https://www.zabbix.com/jp）** などが使われます。OSSのため、無料でダウンロードして使えます。Zabbixは、LANスイッチやルータだけでなく、サーバも含めた死活監視や状態監視、サービス監視、SNMPなどの統合監視が可能です。

ネットワークの規模が大きくなってくると、Expingで死活監視しても見落としが発生します。また、1台ずつ状態監視するのは時間もかかって、確認ミスも発生します。このため、Zabbixのような統合監視が必須になってきます。

LANスイッチやルータは、SNMPエージェントです。GS108Tを例に、設定を説明します。設定は、「システム」→「SNMP」→「SNMP V1/V2」→「コミュニティ設定」で行います❶～❹。

■ GS108Tの「コミュニティ設定」画面

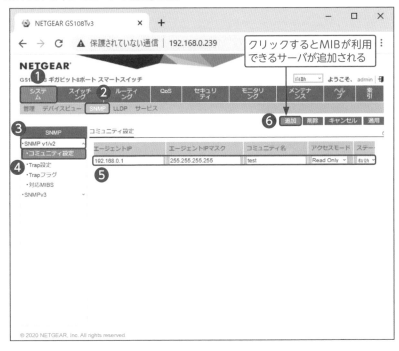

設定する内容は、以下のとおりです❺。

■「コミュニティ設定」画面で設定する内容

項目	説明
エージェントIP	SNMPマネージャのIPアドレスです。
エージェントIPマスク	SNMPマネージャが1台のときは、255.255.255.255です。
コミュニティ名	パスワードのようなもので、SNMPマネージャと一致している必要があります。
アクセスモード	RaedOnlyとRead／Writeから選択します。
ステータス	＜有効＞と＜無効＞から選択します。MIBを利用するためには、＜有効＞を選択します。

「追加」をクリックすると❻、MIBが利用できるサーバが追加されます。

TRAPの送信は、以下の「Trap設定」で設定します❶。

■ GS108Tの「Trap設定」画面

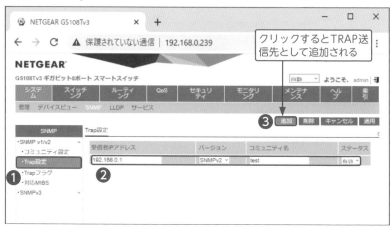

設定項目の意味は、以下のとおりです❷。

■「Trap設定」画面で設定する内容

項目	説明
受信者IPアドレス	SNMPマネージャのIPアドレスです。
バージョン	SNMPv1かv2を選択します。SNMPマネージャと一致している必要があります。
コミュニティ名	パスワードのようなもので、SNMPマネージャと一致している必要があります。
ステータス	<有効>か<無効>から選択します。TRAPを送信するためには、<有効>を選択します。

バージョンは、通常ではSNMPv2を選択します。「追加」をクリックすると❸、TARP送信先として追加されます。

また、NVR510の設定は、以下のようにコマンドで行います。

```
snmpv2c host 192.168.100.2 test
snmpv2c trap host 192.168.100.2 trap test
snmp sysname nvr510
```

設定内容は、以下のとおりです。

● snmpv2c host

MIB情報を取得できるSNMPマネージャのIPアドレスとコミュニティ名を設定します。今回の設定例は、Read用のコミュニティ名ですが、スペースに続けてもう1つ記述するとWrite用のコミュニティ名が設定できます。

● snmpv2c trap host

TRAPを送信するSNMPマネージャIPアドレスと、コミュニティ名の設定です。

● snmp sysname

NVR510のホスト名を設定します。

まとめ

- ▶ **監視には死活監視や状態監視などがある**
- ▶ **サービス監視を行うとサーバが正常に動作していてアプリケーションだけが動作していないときでもトラブルを検知できる**
- ▶ **ネットワークの規模が大きくなってくるとSNMPを活用した統合監視の検討が必要となる**

クラウドを利用した運用管理

　小規模な事務所では人数やコストもかけられないことから、専任のIT管理者がおらず、業務と兼任している兼任IT管理者も多くいます。場合によっては、社長自らが兼任IT管理者というケースもあります。兼任IT管理者としては、外出先からでも簡単にネットワークの管理ができないと、結構大変です。呼び出されて事務所に帰ったあげく、プリンタのケーブルが抜けていただけだったなんていうことは、よくある話です。

　このような対策として、最近ではクラウドを利用した運用管理も充実してきたことから、その利用を考えてみるのもよいでしょう。ネットギア製品であればInsight、ヤマハルータではYNO（Yamaha Network Organizer）というクラウドの運用管理サービスがあります。クラウドを利用すると、遠隔地からの運用管理が楽にできるようになります。

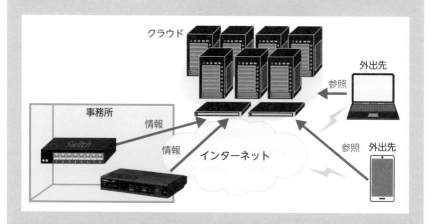

　たとえば、出張先で急に設定変更が必要になったときは、クラウドにログインして管理画面を開いて設定変更することができます。また、装置の状態を確認したり、メールやスマートフォンの通知で障害を監視したりすることもできます。

　クラウドを利用するためには、アカウントを作成して装置を登録する必要があります。また、Insightでは2台までの登録は無料ですが、3台以上は有償です。YNOでは、3台までであれば3か月間試用できますが、以後は有償となります（2020年7月時点）。

　なお、出張先からリモートアクセスVPNで接続すれば、同じように出張先から管理はできます。しかし、クラウドを利用すると監視サーバが不要で、指定した時間に設定を変更するなどの機能も利用できます。費用はかかりますが、メリットの方が大きいと感じる場合はクラウドを利用した運用管理も検討の余地があります。

参考情報

LANスイッチやルータの製品選択方法、LAN
スイッチのIPアドレス設定方法、DHCPリレー
エージェントなど、参考情報を掲載します。

● LANスイッチの選定

LANスイッチにインテリジェントスイッチを採用する場合、本書で紹介している機能（PoEやルーティング除く）は通常サポートしていると思われますが、**各社のWebページなどで確認は必要**です。

メーカは、LANスイッチを1種類だけ販売することはせずに、通常はシリーズで販売しています。本書で紹介しているGS108TやGS110TPなどは、同じシリーズです。同じシリーズであれば機能はほとんど同じで、以下の確認項目で機種が分かれていると考えると機種選定時の目安になると思います。

■ LANスイッチ選定時の確認項目

確認項目	確認内容
ポートの速度	10BASE-Tや100BASE-TXなど
ポート数	接続する機器に対して足りているか
PoE	PoE対応か未対応か
L3対応	ルーティングが必要か

GS108T、GS110TP、GS728TPを比較すると、以下になります。

■ GS108T、GS110TP、GS728TPの仕様比較

確認項目	GS108T	GS110TP	GS728TP
ポートの速度	10M〜1000Mbps	10M〜1000Mbps	10M〜1000Mbps
ポート数	8 (RJ45)	8 (RJ45) +2 (SFP)	24 (RJ45) +4 (SFP)
PoE	−	○	○
L3対応	○	○	○

上記をチェックしたうえで、価格を確認して購入を検討することになります。

● インターネット接続ルータの選定

　インターネット接続ルータで、リモートアクセスVPNや拠点間接続VPNを行う場合、**接続数などが機種選定のポイント**になります。

　ヤマハ製ルータを例として、以下に選定の目安を示します。

■ ヤマハ製ルータの仕様

確認項目	NVR510	NVR700W	RTX830	RTX1210
L2TP／IPsec接続数	4	20	20	100
IPsec対地数	－	20	20	100
IPsec速度	－	700Mbps	1Gbps	1.5Gbps
電話	○	○	－	－

　L2TP／IPsec接続数とは、パソコンやスマートフォンがリモートアクセスVPNで接続できる数です。IPsec対地数は、拠点間接続できる事務所の数です。

　表からもわかるとおり、IPsecによって拠点間接続する場合は、NVR700W以上を選択する必要があります。また、機種によって接続数や速度が異なることもわかると思います。

　なお、NVR510とNVR700Wは電話を利用することもできます。たとえば、NTTのひかり電話を利用したり、IPsecで拠点間接続した事業所間で内線通話したりできます。

　また、IPsec対地数とL2TP／IPsec接続数が20や100となっていますが、これはIPsecとL2TP／IPsecを合計した数です。このため、NVR700Wを利用して10拠点をIPsecで接続すると、L2TP／IPsecによってリモートアクセスVPN接続できるのは10台までになります。

　LANスイッチ選定においても同じことが言えますが、本書で紹介していない機能に関しても違いがあります。このような機能を使う場合は、それぞれの機種で仕様を確認する必要があります。

● LANスイッチのIPアドレス設定方法

　ネットギア製スマートスイッチは、DHCPによってIPアドレスを取得すると説明しましたが、**IPアドレスを手動で設定**することもできます。

　設定は、「システム」→「管理」→「IP設定」で行います❶〜❸。

■ GS108Tの「IP設定」画面

　「現在のネットワーク設定プロトコル」で「静的IPアドレス」を選択し❹、「IPアドレス」、「サブネットマスク」、「デフォルトゲートウェイ」を入力します❺。また、「管理VLAN ID」でサブネットが属するVLANを入力します❻。「適用」をクリックすると❼、設定が反映されます。

　IPアドレスやサブネットマスク、デフォルトゲートウェイは、パソコンに設定する内容と同じです。詳細は、第3章を参照してください。

● DHCPリレーエージェント

第3章のP.142「スター型ネットワークの設定」の「パソコンの設定」では、サブネット化したときにDHCPが利用できない可能性があると説明しました。**DHCPリレーエージェント**は、サブネット化したときもDHCPの機能が使えるようにするしくみです。

パソコンからDHCPサーバにIPアドレスを問い合わせるときは、ブロードキャストで行われます。ブロードキャストは、ルータを超えられません。つまり、同じVLAN内でのみ通信可能です。このため、異なるVLANのパソコンから問い合わせても、DHCPサーバまで届きません。

■ パソコンからのDCHP通信が届く範囲

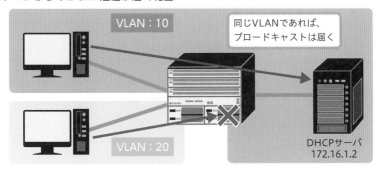

DHCPリレーエージェントは、この問い合わせが届くようにするためのしくみです。

■ DHCPリレーエージェントのしくみ

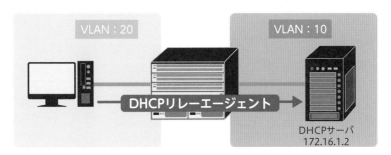

設定は通常、DHCPサーバのIPアドレスを設定するだけです。前ページの図であれば、コアスイッチでVLAN:20に対してリレー先としてDHCPサーバのIPアドレス172.16.1.2を設定します。

この設定により、VLAN:20のパソコンからの問い合わせは、172.16.1.2に転送されてDHCPサーバに届きます。転送時は、ブロードキャストではなく172.16.1.2宛ての通信（1台宛ての通信をユニキャストと言います）に変換されます。また、コアスイッチで受信したVLANのIPアドレス（例：172.16.2.1）も情報として付与します。

DHCPサーバでは、VLAN:20のサブネットから転送されてきたことがわかるため、VLAN:20で使えるIPアドレス（例：172.16.2.2など）を応答します。

■ DHCPリレーエージェントがサブネットを判断するしくみ

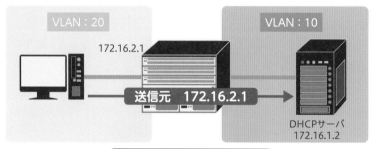

DHCPサーバでは、以下のようにサブネット単位で使えるIPアドレスの範囲を設定しておく必要があります。

【DHCPサーバで割り当てるIPアドレス例】
　　・サブネット1（VLAN:10）：172.16.1.2〜172.16.1.191
　　・サブネット2（VLAN:20）：172.16.2.2〜172.16.2.191

通常、サブネット単位にDHCPサーバを設置することはしません。1台のDHCPサーバで複数のサブネットに対してIPアドレス割り当てることが一般的です。このため、サブネットが複数あってDHCPを利用する場合、DHCPリレーエージェントの検討が必要です。

● 著者紹介

のびきよ

2004年に「ネットワーク入門サイト」（https://beginners-network.com/）を立ち上げ、初心者にもわかりやすいようネットワーク全般の技術解説を掲載中。そのほか、「ホームページ入門サイト」（https://beginners-hp.com/）など、技術系サイトの執筆を中心に活動中。
著書に、『短期集中! CCNA Routing and Switching/CCENT教本』、『現場のプロが教える! ネットワーク運用管理の教科書』、『ヤマハルーターでつくるインターネットVPN』（マイナビ出版）がある。

朝岳健二

PC雑誌の編集者として20年間にわたりIT関連の記事を作成した後、フリーランスのエディター兼ライターとして独立。BtoB向けのコンテンツ作成を中心に活動中。マイクロソフトが提供するソリューション関連のカタログやホワイトペーパーの制作にも携わっている。本書では第5章を執筆。

● 参考文献

・ネットギアジャパン　公式サイト　スマートスイッチ製品ページ

https://www.jp.netgear.com/business/products/switches/smart/

・ヤマハ株式会社　公式サイト　ルーター製品ページ

https://network.yamaha.com/products/routers/

7

参考情報

索引 Index

■装丁 ──────── 井上新八
■本文デザイン ──────── BUCH⁺
■DTP ──────── オンサイト
■本文イラスト ──────── オンサイト
■編集 ──────── オンサイト
■担当 ──────── 田中秀春

ずかいそくせんりょく
図解即戦力
こうちくアンドうんよう
ネットワーク構築＆運用が
いっさつ　　　　　　　　　　　　きょうかしょ
これ1冊でしっかりわかる教科書

2020年9月15日　初版　第1刷発行
2023年5月26日　初版　第3刷発行

著 者　　のびきよ、朝岳健二
　　　　　　　　　　あさたけけんじ
発行者　　片岡　巌
発行所　　株式会社技術評論社
　　　　　東京都新宿区市谷左内町21-13
　　　　　電話　03-3513-6150　販売促進部
　　　　　　　　03-3513-6160　書籍編集部
印刷／製本　株式会社加藤文明社

©2021　のびきよ、朝岳健二

ISBN978-4-297-11540-1 C3055　　　　　　　Printed in Japan

■問い合わせ先
〒162-0846
東京都新宿区市谷左内町21-13
株式会社技術評論社 書籍編集部
「図解即戦力　ネットワーク構築＆運用がこれ1冊でしっかりわかる教科書」係
FAX：03-3513-6167
技術評論社ホームページ
https://book.gihyo.jp/116/